ABHANDLUNGEN DER DEUTSCHEN AKADEMIE
DER WISSENSCHAFTEN ZU BERLIN

Klasse für Mathematik, Physik und Technik

Jahrgang 1963 Nr. 3

MANFRED OEHMICHEN

EIN BEITRAG ZUR THERMODYNAMISCHEN AUSLEGUNG VON EINSTUFIGEN GASTURBINENANLAGEN

Mitteilungen der Sektion Maschinenbau

Mit 30 Abbildungen und 79 Tabellen

AKADEMIE-VERLAG · BERLIN
1963

Vorgelegt von Hrn. Jante in der Klassensitzung vom 11. Oktober 1962

Zum Druck genehmigt am gleichen Tage, ausgegeben am 1. Juni 1963

Erschienen im Akademie-Verlag GmbH, Berlin W 8, Leipziger Str. 3—4

Lizenznummer: 202 · 100/516/63
Gesamtherstellung: VEB Druckerei „Thomas Müntzer" Bad Langensalza
Bestellnummer: 2001/63/I/3 · ES 20 H 3 · Preis: DM 10,50

INHALTSVERZEICHNIS

1. Einführung

Eine Energiemaschinenanlage wird wohl stets entsprechend einer geforderten Leistung ausgelegt. Bei ortsfesten Gasturbinenanlagen, besonders bei denen, die der Erzeugung elektrischer Energie dienen, kann zusätzlich noch die Drehzahl der Nutzturbine vorgegeben sein. Einen wesentlichen Gesichtspunkt für die Auslegung stellt die Temperatur dar, mit der die Gase in die Turbine eintreten. Ihre absolute Größe beeinflußt in erster Linie den thermischen Wirkungsgrad. Sie muß jedoch unter Berücksichtigung der Materialbeständigkeit im Hinblick auf Festigkeit, Dauerstand, Erosion, Korrosion und Lebensdauer sowie der Möglichkeiten von Ablagerungen bei Schwerölen gewählt werden.

In allen Fällen, auch bei kurzzeitigem Betrieb, wie er bei Spitzenkraftwerken und Notstromaggregaten auftritt, wird man sich über den Energieaufwand, im folgenden ausgedrückt durch den thermischen Wirkungsgrad, informieren. Allerdings ist dabei auf den Unterschied zwischen thermischem und wirtschaftlichem Wirkungsgrad zu achten. Der thermische Wirkungsgrad enthält nur eine Aussage über die thermodynamische Ausnutzung der mit dem Brennstoff zugeführten Wärmemengen, während der wirtschaftliche Wirkungsgrad auch die Aufwendungen für die Anlage, den Betrieb, die Wartung, Reparatur, Lebens- und Benutzungsdauer Bedienung sowie den Brenn- und Schmierstoff beinhaltet.

Über diese Kosten liegen wohl Angaben vor, doch sind sie noch zu wenig belegt, als daß Allgemeingültiges damit ausgesagt werden könnte.

In den folgenden Ausführungen wird der Wirkungsgrad angegeben, wie er von verschiedenen Verfassern definiert worden ist. Dabei wird besonders auf die Unterschiede hingewiesen, die sich bei der Vernachlässigung gewisser Einflußgrößen ergeben, und eine allgemeingültige Gleichung für den Wirkungsgrad vorgeschlagen. Weiterhin wird die analytische Funktion für die Leistung besprochen und für diese, bezogen auf den Durchsatz, eine Gleichung angeführt. Diese spezifische Leistung wird als „Durchsatzleistung" bezeichnet.

Neben den allgemeinen funktionellen Zusammenhängen mit den wesentlichen Einflußgrößen wird besonders auf die optimalen Verhältnisse bei Wirkungsgrad und Leistung hingewiesen. Für den Auslegungs- oder Betriebspunkt einer Anlage haben diese Optimalwerte eine große Bedeutung, wenn man eine wirtschaftlich günstige Auslegung anstrebt.

Es wird nur der einfache offene Prozeß ohne Zwischenkühlung behandelt, da gegenwärtig Anlagen mit dieser Prozeßführung besondere Beachtung finden.

Die mitgeteilten Diagramme und Netztafeln sollen ohne Rechenaufwand eine Vorausbestimmung des Einflusses der einzelnen Faktoren bei der Auslegung und damit die geeignete Wahl des günstigsten Druckverhältnisses ermöglichen.

Den analytischen Abhängigkeiten liegen die folgenden Bezeichnungen zugrunde. Abweichend von den Originalarbeiten sind die Formelzeichen einheitlich in die Originalzeichnungen eingeführt worden, um eine vergleichende Betrachtung zu erleichtern. Dabei wurden die Diagramme nicht verändert, sondern nur mit der einheitlichen Bezeichnung versehen und in einigen Fällen umgezeichnet.

Bezeichnungen:

N	[PS; kW]	Leistung
B	[kg/s]	Brennstoffmenge
D	[kg/s; m³/s]	Durchsatz
L	[kg/s]	Durchsatz (Luftmenge)
$\varphi = 1 + B/L$	[—]	Brennstoffziffer
$\eta_T = \eta_{0T} \cdot \eta_{mT}$	[—]	Turbinenwirkungsgrad
$\eta_V = \eta_{0V} \cdot \eta_{mV}$	[—]	Verdichterwirkungsgrad
η_0	[—]	adiabatischer Wirkungsgrad
η_m	[—]	mechanischer Wirkungsgrad
η_{th}	[—]	theoretisch-therm. Wirkungsgrad
η_g	[—]	Gütegrad
η_A	[—]	Ausbrandwirkungsgrad
η_e	[—]	effektiver Wirkungsgrad
η_w	[—]	wirtschaftlicher Wirkungsgrad (nach FRIEDRICH)
K_v	$\left[\frac{\text{kW}}{\text{kg/s}}\right]$	Umrechnungskonstante für Durchsatzleistung
η_N	[—]	Nutzwirkungsgrad
H	$\left[\frac{\text{mkp}}{\text{kg}}; \frac{\text{kcal}}{\text{kg}}\right]$	Gefälle
L_T	$\left[\frac{\text{mkp}}{\text{kg}}\right]$	spez. Arbeit der Turbine
L_V	[mkp/kg]	spez. Arbeit des Verdichters
L_N	[mkp/kg]	spez. Nutzarbeit
K	$\left[\frac{\text{kW}}{\text{kcal/s}}\right]$	Leistungskonstante
$A = 1/427$	[kcal/mkp]	mechanisches Wärmeäquivalent
R	[mkp/Grad kg]	Gaskonstante
$\xi = R_G/R_L$	[—]	Verhältnis d. Gaskonstanten bei Entspannung und Verdichtung
Hu	[kcal/kg]	Heizwert
p_1	[kp/cm²]	Eintrittsdruck in den Verdichter
p_2	[kp/cm²]	Austrittsdruck aus dem Verdichter
p_3	[kp/cm²]	Eintrittsdruck in die Turbine
p_4	[kp/cm²]	Austrittsdruck aus der Turbine
$\pi_V = \frac{p_2}{p_1}$	[—]	Druckverhältnis des Verdichters
$\pi_T = \frac{p_3}{p_4}$	[—]	Druckverhältnis der Turbine
$\beta = \frac{\pi_T}{\pi_V}$	[—]	Druckverlustfaktor
T_1	[°K]	Eintrittstemperatur in den Verdichter
T_2	[°K]	Austrittstemperatur aus dem Verdichter
T_3	[°K]	Eintrittstemperatur in die Turbine
T_4	[°K]	Austrittstemperatur aus der Turbine
$\tau_G = T_3/T_1$	[—]	Temperaturverhältnis der Anlage
Ω	[—]	Anlagenkennzahl
ψ	[—]	Turbinenkennzahl
c_p	[kcal/Grad kg]	spezifische Wärme

$\gamma = c_{pG}/c_{pL}$	[—]	Verhältnis der mittleren spezifischen Wärme des Arbeitsgases zu der von verdichteter Luft
$\zeta = \dfrac{c_{pG}\Big\vert_{T_1}^{T_3}}{c_{pL}\Big\vert_{T_1}^{T_{20}}}$	[—]	Verhältnis der mittleren spezifischen Wärme des Arbeitsgases und der Luft in den angegebenen Grenzen
$\varkappa$	[—]	Adiabatenexponent
$m = \dfrac{\varkappa - 1}{\varkappa}$	[—]	Exponent des Druckverhältnisses
ϱ	[—]	Regenerationsgrad
ν_e	$\left[\dfrac{\text{kW}}{\text{kg/s}}\right]$	Durchsatzleistung

2. Thermischer Wirkungsgrad

Für den thermischen Wirkungsgrad sind je nach Auffassung der Verfasser funktionelle Zusammenhänge bekannt geworden, die unter gewissen Abwandlungen stets ausgehen von der Grundgleichung

$$\eta = \frac{N_2}{N_1} = \frac{\text{Ausbeute}}{\text{Aufwand}}\,. \tag{1}$$

Der den folgenden Ausführungen zugrunde liegende Prozeß ist als Schaltschema und im Wärmediagramm in Abb. 1 dargestellt. Darin bedeuten die Zustandsänderungen zwischen den Punkten 0 bzw. 1 und 20 bzw. 2 den Vorgang im Verdichter, zwischen 20 bzw. 2 und 3 den in der Brennkammer und zwischen 3 und 4 bzw. 40 den in der Turbine.

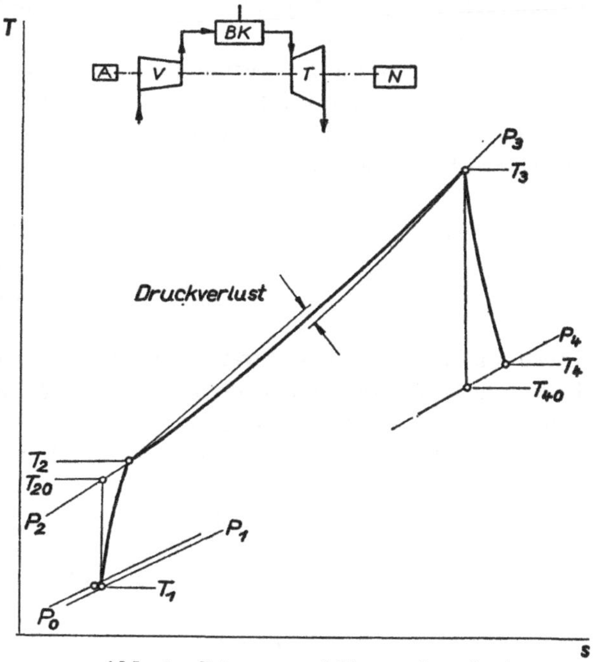

Abb. 1. Schema und Zustandsverlauf im Ts-Diagramm

In der Literatur findet man für den effektiven Wirkungsgrad die Gleichung [1]

$$\eta = \eta_{th} \cdot \eta_g \cdot \eta_A\,. \tag{2}$$

Dieser Wirkungsgrad wird irrtümlich als „wirtschaftlicher" bezeichnet, obwohl er sich nur zusammensetzt aus dem thermodynamischen, dem der Brennkammer und dem Gütegrad der Maschinen.

Der thermische Wirkungsgrad wird dabei definiert als

$$\eta_{th} = \frac{A \cdot L_N}{Q} = 1 - \frac{1}{\pi_V^m}\,. \tag{3}$$

Für den Gütegrad der Einzelaggregate wird

$$\eta_g = \frac{L_{T\,ad} \cdot \eta_T - \dfrac{L_{V\,ad}}{\eta_V}}{L_{T\,ad} - L_{V\,ad}} = \frac{\dfrac{T_{40}}{T_1} \cdot \eta_T - \dfrac{1}{\eta_V}}{\dfrac{T_{40}}{T_1} - 1}\,. \tag{4}$$

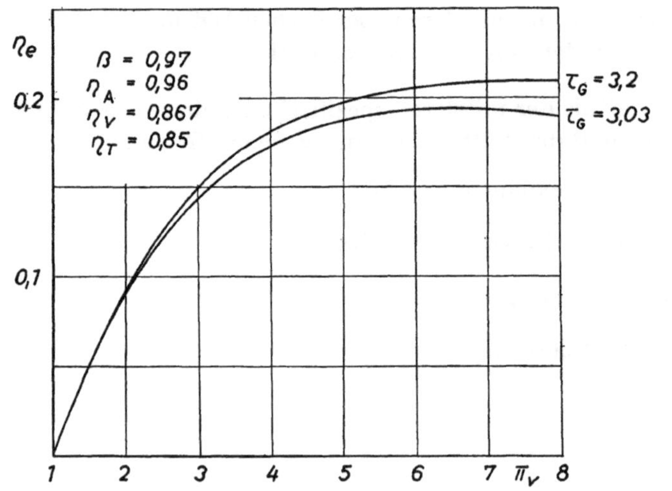

Abb. 2. Effektiver Wirkungsgrad η_e in Abhängigkeit vom Druckverhältnis des Verdichters π_V und dem Gesamttemperaturverhältnis τ_G (nach FRIEDRICH [1])

und als Wirkungsgrad der Brennkammer unter Berücksichtigung der Verluste durch unvollkommene Verbrennung, Dissoziation und Wärmeleitung

$$\eta_A = \text{const}$$

gesetzt.

Mit Werten aus Gleichung (2) ist das Diagramm von Abb. 2 gezeichnet worden. Bei konstanten Aggregatwirkungsgraden, Druckverlusten und konstantem Brennkammerwirkungsgrad werden für zwei Eintrittstemperaturen in die Turbine t_3 (600 °C und 650 °C) die Wirkungsgradabhängigkeiten vom Druckverhältnis π_V, das der Verdichter liefert, dargestellt.

Die bekannten Abhängigkeiten zeigen maximale Wirkungsgrade bei $\pi_V = 6{,}5$ für $t_3 = 600$ °C und bei $\pi_V = 7{,}5$ für $t_3 = 650$ °C. Für die Auslegung einer Anlage nach dem besten Wirkungsgrad kann entsprechend den zugrunde gelegten Parametern auf diese Weise das optimale Druckverhältnis, welches mit steigender Turbineneintrittstemperatur t_3 höher gewählt werden sollte, bestimmt werden.

Auf diesen Erwägungen beruhen auch die nachfolgend angeführten Wirkungsgradabhängigkeiten, wenn sie auch infolge anderer Annahmen zu etwas veränderten Ergebnissen führen.

Von SCHNEE [2] wird empfohlen, als „inneren absoluten Wirkungsgrad des Gasturbinenaggregates" zu schreiben

$$\eta_e = \frac{\varphi \cdot \eta_T \cdot c_p\,(T_3 - T_{40}) - \dfrac{1}{\eta_V} \cdot c_p \cdot (T_{20} - T_1)}{\varphi \left[c_p\,(T_3 - T_{20}) - \left(\dfrac{1}{\eta_V} - 1 \right) c_p\,(T_{20} - T_1) \right]} . \tag{5}$$

Diese ausführliche Schreibweise berücksichtigt die mittlere spezifische Wärme und den am Prozeßverlauf beteiligten Brennstoffanteil. Nicht berücksichtigt sind Druckverluste und der Wirkungsgrad der Brennkammer.

Eine vereinfachte Abwandlung von (5) ist

$$\left. \begin{aligned} \eta_e &= \frac{\left(a \dfrac{1}{\pi_V^m} - 1 \right) (\pi_V^m - 1)}{b - \pi_V^m} = \frac{\eta_T \cdot \eta_V \cdot \dfrac{\tau_G}{\pi_V^m} - 1}{\eta_V \cdot \dfrac{\tau_G - 1}{\pi_V^m - 1} - 1} , \\ a &= \tau_G \cdot \eta_T \cdot \eta_V , \\ b &= \eta_V\,(\tau_G - 1) + 1 . \end{aligned} \right\} \tag{5a}$$

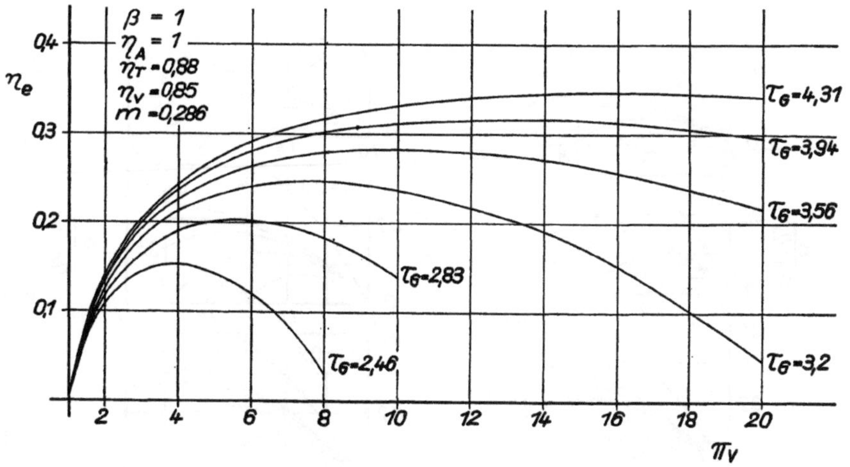

Abb. 3. Effektiver Wirkungsgrad η_e in Abhängigkeit vom Druckverhältnis des Verdichters π_V und dem Gesamttemperaturverhältnis τ_G (nach SCHNEE [2])

Es wird dafür ein Diagramm (Abb. 3) angegeben, das bei konstantem Turbinen- und Verdichterwirkungsgrad die Abhängigkeit des Wirkungsgrades von den einzelnen Größen erkennen läßt. In der Gleichung (5a) sind die Änderung der spezifischen Wärmen und der Einfluß der Brennstoffmenge nicht enthalten.

Anstelle der Turbineneintrittstemperaturen t_3 wurde das Verhältnis der Temperaturen

$$\frac{T_3}{T_1} = \tau_G$$

gesetzt. Es ist zu erwarten, daß die Gleichung zu größeren Abweichungen gegenüber den realen Verhältnissen führen muß.

Eine ähnlich geartete Gleichung mit gleichen Voraussetzungen, wie sie SCHNEE in Gleichung (5a) angibt, findet sich bei KRUSCHIK [3]

$$\eta_e = \frac{T_3\left(1 - \frac{1}{\pi_V^m}\right) \cdot \eta_T - T_1\,(\pi_V^m - 1)\,\frac{1}{\eta_V}}{T_3 - T_1\,(\pi_V^m - 1 + \eta_V) \cdot \frac{1}{\eta_V}} = \frac{\eta_T \cdot \eta_V \cdot \frac{\tau_G}{\pi_V^m} - 1}{\eta_V\,\frac{\tau_G - 1}{\pi_V^m - 1} - 1} \tag{6}$$

entsprechend Abb. 4.

ECKERT [4] berücksichtigt in seiner Wirkungsgradaussage

$$\eta_e = \frac{N_e \;\, 860}{B \cdot Hu} \tag{7}$$

die Verluste während des Prozeßablaufes und gibt mit seinen Darstellungen (Abb. 5) weitgehende Hinweise auf diese Zusammenhänge.

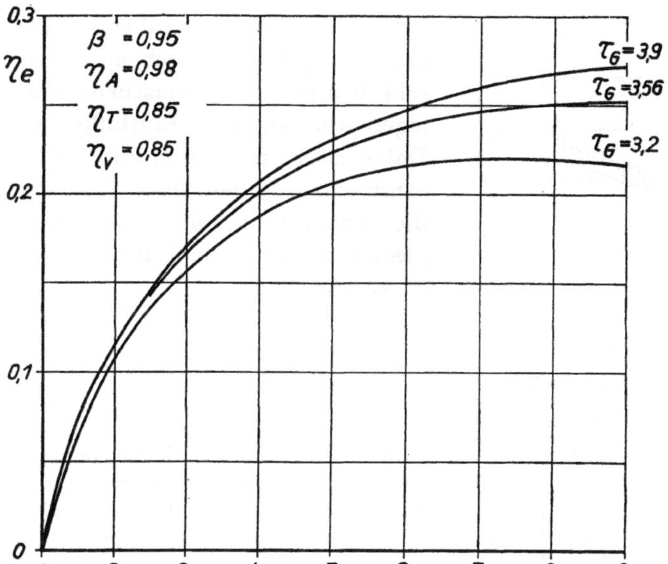

Abb. 4. Effektiver Wirkungsgrad η_e in Abhängigkeit vom Druckverhältnis des Verdichters π_V und Gesamttemperaturverhältnis τ_G (nach KRUSCHIK [3])

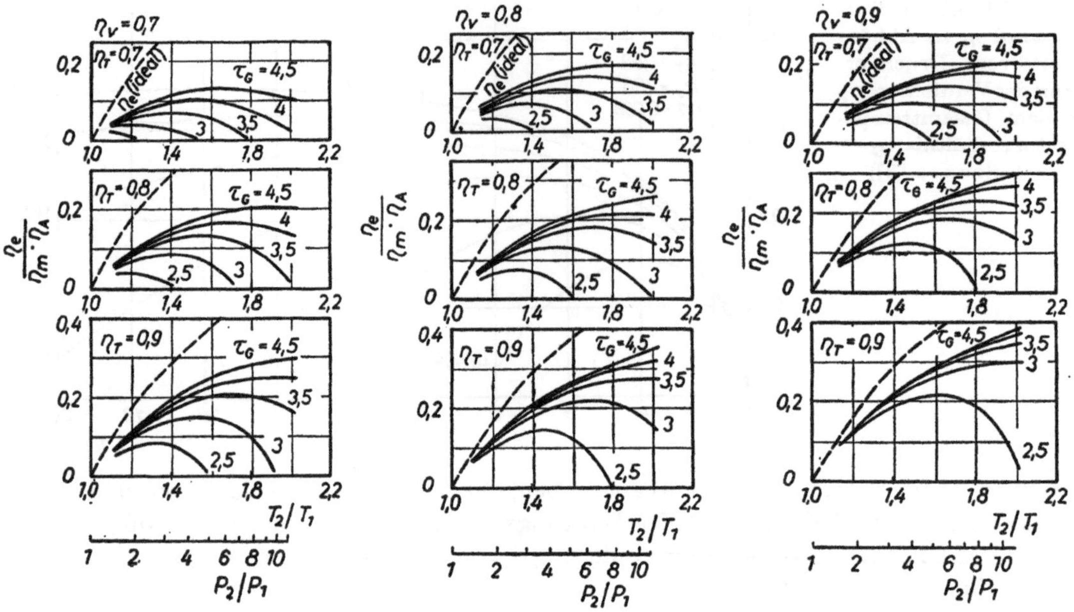

Abb. 5. Wirkungsgrad, dargestellt in Abhängigkeit vom Temperatur- und Druckverhältnis des Verdichters (T_2/T_1; P_2/P_1) und dem Gesamttemperaturverhältnis τ_G (nach Eckert [4])

Rogner [5] verwendet den gleichen Ansatz wie Eckert [4] und kommt auf Grund bekannter Abhängigkeiten zu folgender Gleichung:

$$\eta_e = \eta_A \frac{\eta_T \cdot \eta_V \cdot \tau_G \cdot \dfrac{1 - \dfrac{1}{(\beta \cdot \pi_V)^m}}{\pi_V^m - 1} - \dfrac{1}{\varphi}}{\eta_V \cdot \dfrac{\tau_G - 1}{\pi_V^m - 1} - 1}; \qquad m = 0{,}286 = \text{const}, \tag{8}$$

die Abb. 6 beinhaltet.

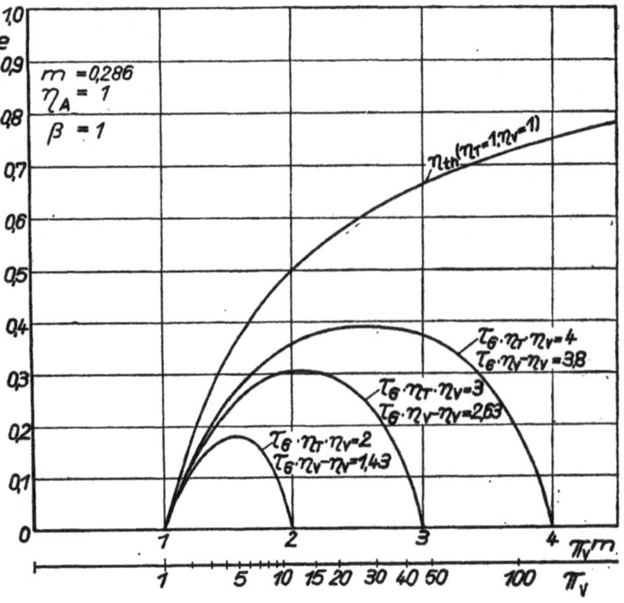

Die zuletzt angeführten Diagramme geben weitgehenden Aufschluß über die bei Gasturbinenanlagen auftretenden Einflußgrößen. Dabei ist man bemüht, durch Zusammenfassen einzelner Faktoren die Diagramme übersichtlich zu gestalten, ohne auf Vollständigkeit zu verzichten.

Abb. 6. Effektiver Wirkungsgrad η_e in Abhängigkeit vom Druckverhältnis des Verdichters π_V und der Kennzahlen $\tau_G \cdot \eta_T \cdot \eta_V$ und $\tau_G \cdot \eta_V - \eta_V$ (nach Rogner [5])

Berücksichtigt man die Aggregatwirkungsgrade, den Ausbrandwirkungsgrad, die Druckverluste, die Veränderlichkeit der spezifischen Wärmen, die der Gaskonstanten vor und nach der Verbrennung, sowie den Brennstoffeinfluß auf den Wirkungsgrad, so ergibt sich

$$\eta_e = \eta_A \frac{\gamma \cdot \eta_T \cdot \eta_V \cdot \tau_G \cdot \dfrac{1 - \dfrac{1}{(\beta\,\pi_V)^{\frac{\varepsilon}{\gamma} m}}}{\pi_V^m - 1} - \dfrac{1}{\varphi}}{\zeta \cdot \eta_V \cdot \dfrac{\tau_G - 1}{\pi_V^m - 1} - 1}. \qquad (9)$$

Diese Zusammenhänge lassen sich in Diagrammen darstellen (Abb. 7). Wenn hierbei auch der Einfluß des Druckverhältnisses π_V und des Druckverlustes sowie der der Eintrittstemperatur in die Turbine, dargestellt durch τ_G, auf den Wirkungsgrad erkennbar ist, wird offensichtlich, daß erst eine Vielzahl von Diagrammen den gesamten Komplex zu erfassen gestattet. Immerhin ist bereits zu erkennen, in welch hohem Maß die Eintrittstemperaturen in die Turbine das zu wählende Druckverhältnis im Verdichter beeinflussen, während der Druckabfall, dem jedoch etwa eine lineare Abhängigkeit zukommt, den Wirkungsgrad verändern kann (Abb. 8). Auch hierbei sind die Wirkungsgrade für Turbine und Verdichter wie in Abb. 7 zunächst gleichgroß und konstant ($\eta_T = \eta_V = 0{,}9$) angenommen worden. Es zeigt sich, daß der Wirkungsgrad bei niedrigeren Eintrittstemperaturen in die Turbine nicht derart ausgeprägt vom Druckverlust abhängt wie bei höheren Werten von τ_G. Andererseits ergibt sich nach Abb. 8 ein erheblicher Einfluß der Aggregatwirkungsgrade, wenn man die Eintrittstemperatur in die Turbine und den Druckverlust konstant hält. Aus dieser Darstellung geht hervor, daß durch Änderungen der Einzelwirkungsgrade nicht nur das zu wählende Druckverhältnis, sondern auch sehr stark der Gesamtwirkungsgrad beeinflußt werden kann.

Es liegt daher nahe, die in der Gleichung für den thermischen Wirkungsgrad enthaltenen Einflußgrößen in einer Darstellung zusammenzufassen. Diese gestattet es, für die Auslegung

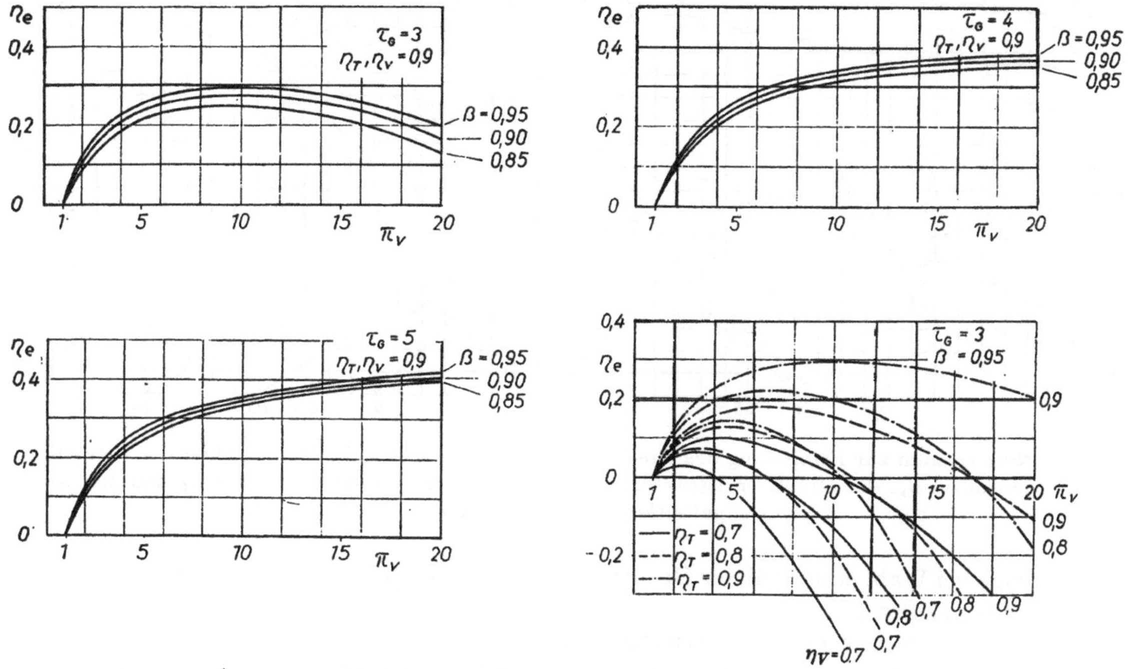

Abb. 7. Effektiver Wirkungsgrad η_e in Abhängigkeit vom Druckverhältnis des Verdichters π_V, des Druckverlustfaktors β, des Gesamttemperaturverhältnisses τ_G und der Aggregatwirkungsgrade η_T und η_V

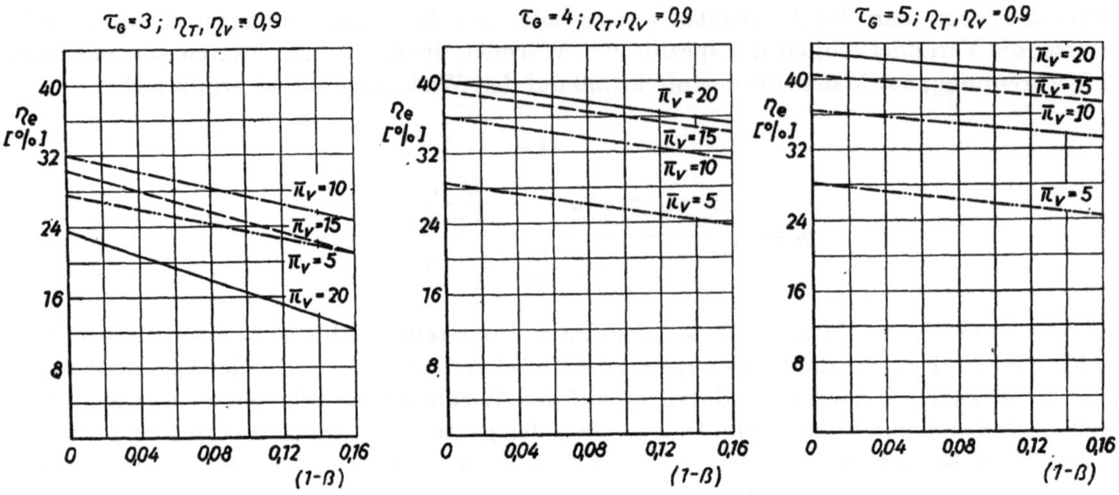

Abb. 8. Effektiver Wirkungsgrad η_e in Abhängigkeit vom Druckverlustfaktor β

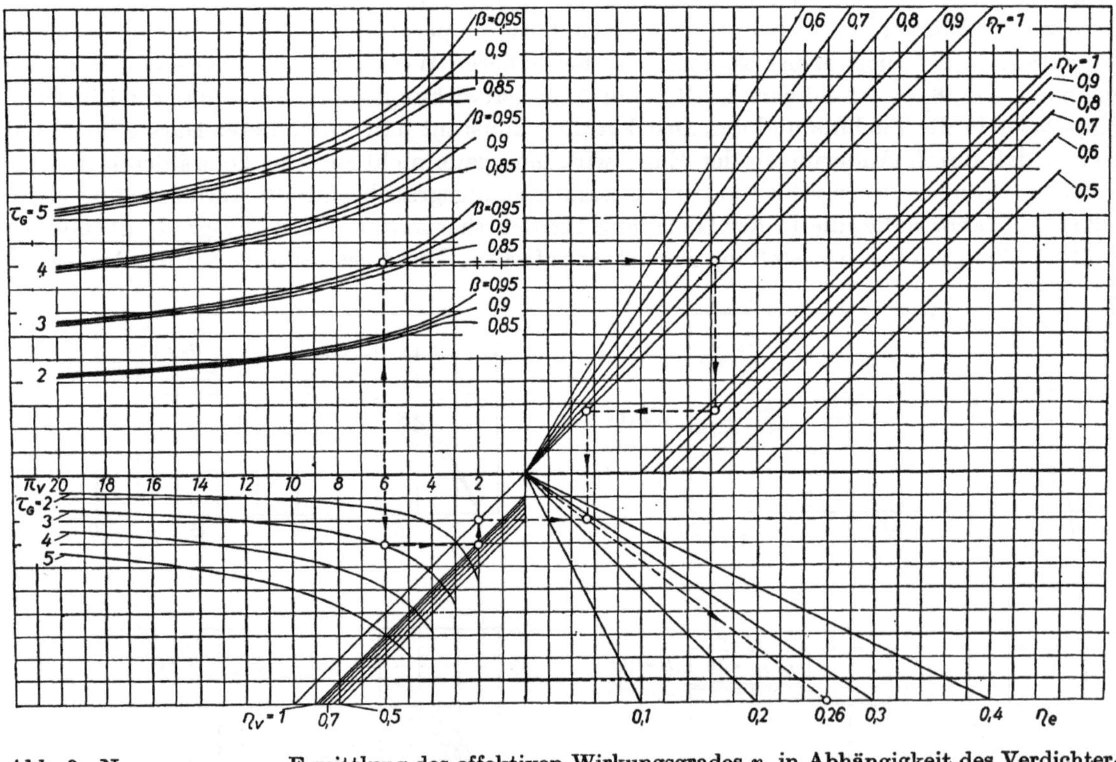

Abb. 9. Nomogramm zur Ermittlung des effektiven Wirkungsgrades η_e in Abhängigkeit des Verdichterdruckverhältnisses π_V, des Druckverlustfaktors β, des Gesamttemperaturverhältnisses τ_G und der Aggregatwirkungsgrade η_T und η_V

einer Anlage bei Wahl einiger dieser Größen die übrigen entsprechend diesen Voraussetzungen zahlenmäßig abzulesen.

Dies ist nach Abb. 9 möglich. Hierbei sind die funktionellen Zusammenhänge nicht in gleicher Weise zu erkennen wie in den vorher angegebenen Diagrammen. Doch erlaubt diese Darstellung, für alle möglichen Fälle die gesuchten Werte abzugreifen.

Der eingezeichnete Fall ergibt für

$$\tau_G = \frac{T_3}{T_1} = 3\,; \qquad \beta = \frac{\pi_T}{\pi_V} = 0{,}95\,; \qquad \eta_T = \eta_V = 0{,}9$$

einen Wirkungsgrad $\eta_e = 0{,}27$.

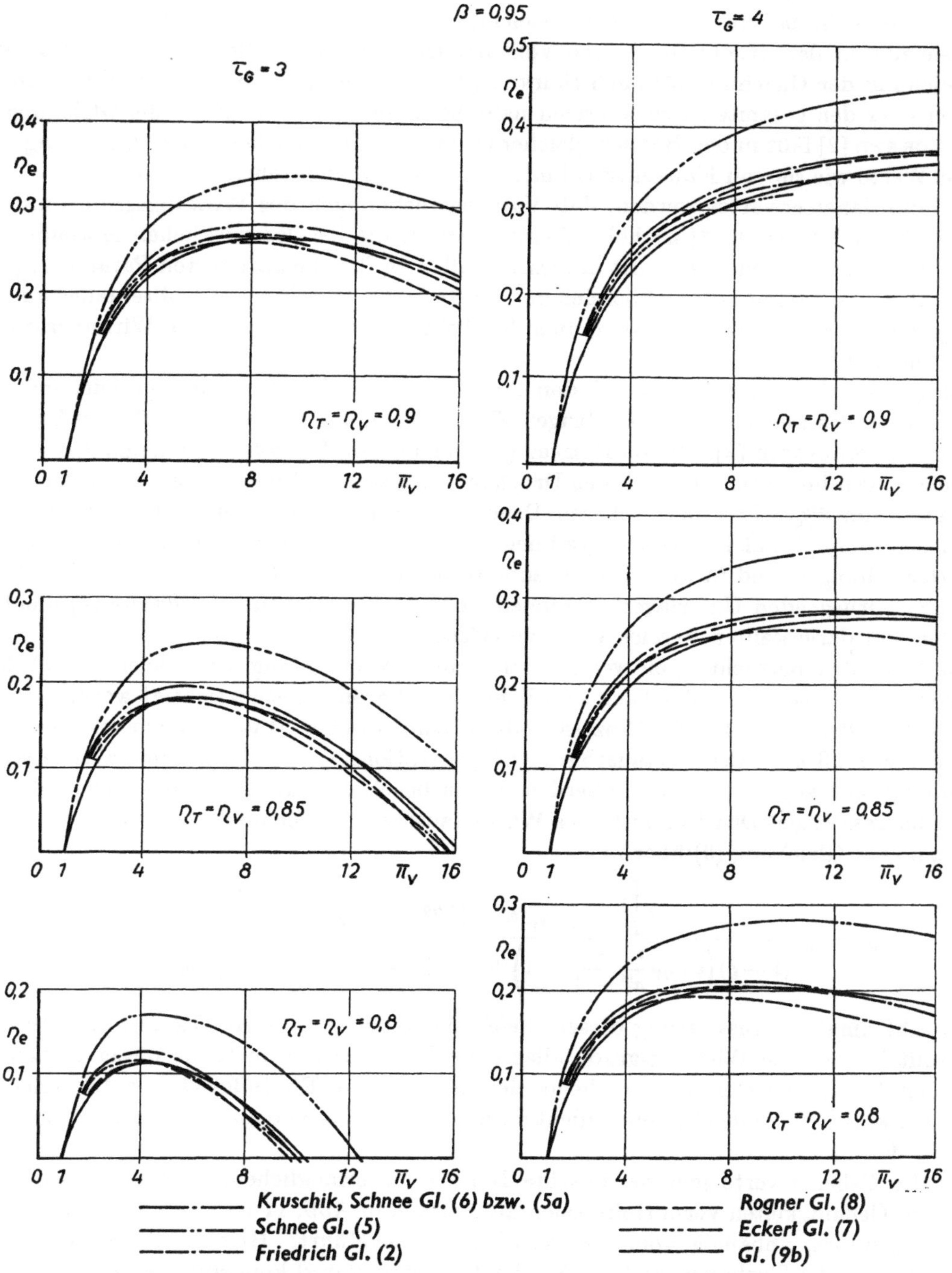

Abb. 10. Effektiver Wirkungsgrad für verschiedene Gleichungen in Abhängigkeit vom Verdichterdruckverhältnis π_V. Druckverlust, Temperaturverhältnis und Aggregatwirkungsgrade sind konstant gesetzt worden

Es liegt nahe, die mit den erwähnten Gleichungen dargestellten Kurven zusammenzustellen, um die infolge unterschiedlicher Annahmen bei den Ausgangsgleichungen zu erwartenden Abweichungen festzustellen. Dies ist nach Abb. 10 möglich. Hier ist der thermische Wirkungsgrad abhängig vom Druckverhältnis aufgetragen. Dabei sind in den Diagrammen die Aggregatwirkungsgrade, der Druckverlust und das Temperaturverhältnis für die einzelnen Wirkungsgradabhängigkeiten konstant gehalten.

Es ergibt sich, daß die angegebenen Gleichungen in ihrer Tendenz sehr ähnlich sind, und daß sie nur in den absoluten Werten voneinander abweichen. Besonders auffällig ist die Abweichung der Gleichung (5) nach SCHNEE [2] von allen anderen, die mit ihren Absolutwerten über den gesamten Druckbereich nahe beieinander liegen. Auch die Gleichung (5a) nach SCHNEE [2] fällt in den Bereich gleicher Größenordnung der bekannten Gleichungen und ergibt Werte wie sie von KRUSCHIK [3] mit Gleichung [6] angegeben werden.

Es muß daher erwartet werden, daß Vorausberechnungen des Wirkungsgrades mit Gleichung (5) nach SCHNEE [2] zu hohe Werte ergeben, die bei der wirklichen Maschine nicht erreicht werden können. Dies trifft in diesem Fall auch für alle geänderten Parameter (τ_G, η_V, η_T, β) über den gesamten Druckbereich zu. Anstelle der Gleichung (5) sollte daher nur Gleichung (5a) verwendet werden, wenn auch hierbei noch etwas zu günstige Wirkungsgrade zu erwarten sind.

Infolge der Vereinfachungen bei den Annahmen für die Bestimmungsgleichungen des Wirkungsgrades weichen auch die übrigen Kurven nach den Gleichungen (2) von FRIEDRICH [1], (6) von KRUSCHIK [3], (7) von ECKERT [4] und (8) von ROGNER [5] voneinander ab. Diese Abweichungen im Optimalbereich des Druckverhältnisses sind nicht groß und unterscheiden sich etwa um 2%. Erst bei größeren Druckverhältnissen, die meist schon außerhalb des Bereiches vom optimalen Wirkungsgrad liegen, treten die Unterschiede mehr in Erscheinung. Die Darstellungen sind in allen Fällen entsprechend den aus den angegebenen Veröffentlichungen vorliegenden Unterlagen gewonnen worden. Sie reichen bei ECKERT [4] nicht aus, um den hier dargestellten Bereich völlig zu erfassen.

Die folgenden Betrachtungen werden daher unter Verwendung von Gleichung (9) durchgeführt, zumal bei dieser Ableitung sämtliche Einflußgrößen berücksichtigt worden sind.

Soll die Gleichung (9) für Prozesse mit Wärmetauscher (Luftvorwärmer) angewendet werden, so muß noch der Austauschgrad (Regenerationsgrad) ϱ des Wärmetauschers in die Rechnung einbezogen werden. Außerdem ist zu beachten, daß der Druckverlustfaktor die luft- und gasseitigen Druckverluste des Wärmetauschers mit beinhalten muß.

Dann geht Gleichung (9) über in

$$\eta_e = \eta_A \frac{\gamma\left[1 - \frac{1}{(\beta\,\pi_V)^{\xi/\gamma\cdot m}}\right]\cdot\eta_T\cdot\eta_V\cdot\frac{\tau_G}{\pi_V^m - 1} - \frac{1}{\varphi}}{(1-\varrho)\left(\zeta\cdot\eta_V\frac{\tau_G - 1}{\pi_V^m - 1} - 1\right) + \varrho\cdot\gamma\left[1 - \frac{1}{(\beta\,\pi_V)^{\xi/\gamma\cdot m}}\right]\cdot\eta_T\cdot\eta_V\cdot\frac{\tau_G}{\pi_V^m - 1}}. \qquad (9\,a)$$

Eine zahlenmäßige Auswertung dieser Gleichung findet sich in den Tabellen im Anhang.[1])

Damit können die Wirkungsgrade aller einfachen Prozesse im Sinne dieser Abhandlung aus den Tabellenwerten entsprechend den geforderten Einflußgrößen entnommen und Zwischenwerte, die in den Tabellen nicht enthalten sind, durch einfache Interpolation gewonnen werden.

Da die Tabellenwerte jede gewünschte Darstellung ermöglichen, Diagramme jedoch nur bedingte Genauigkeiten vermitteln, seien als Beispiel in Abb. 11 nur zwei Darstellungen des Wirkungsgrades, abhängig vom Druckverhältnis, angeführt. Hierbei wurden der Druckverlustfaktor, der Turbinen- und der Verdichterwirkungsgrad konstant gesetzt.

---

[1]) Die rechnerische Auswertung von Gleichung (9a) wurde von dem von Prof. Dr. LEHMANN geleiteten Institut für Maschinelle Rechentechnik, TU Dresden, ausgeführt.

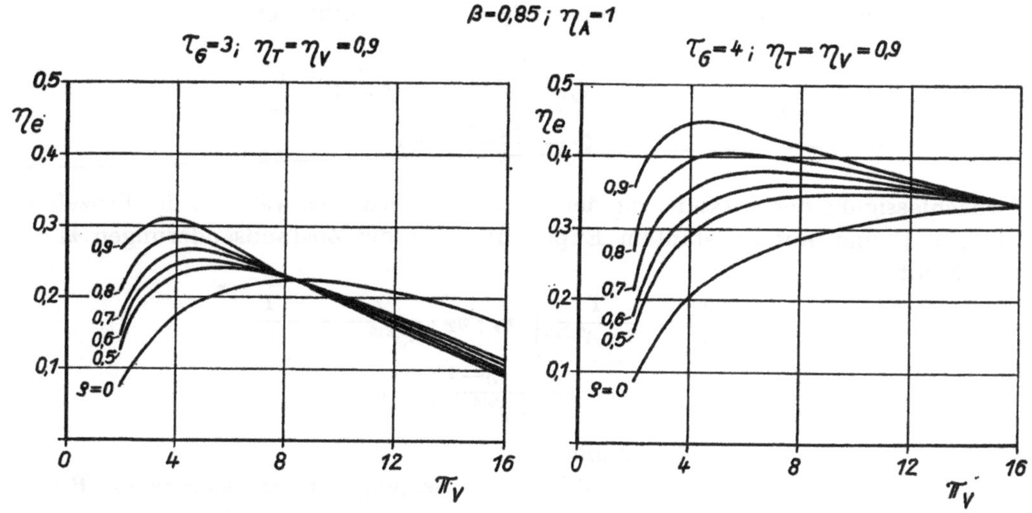

Abb. 11. Effektiver Wirkungsgrad in Abhängigkeit vom Verdichterdruckverhältnis π_V, Temperaturverhältnis τ_G und Regenerationsgrad ϱ

Der Regenerationsgrad tritt als Parameter auf. Die beiden Diagramme gelten für zwei Turbineneintrittstemperaturen, dargestellt durch das Temperaturverhältnis τ_G.

Die Diagramme zeigen den bekannten Verlauf mit dem Hinweis, daß von einem bestimmten Druckverhältnis an der Prozeß ohne Wärmetauscher bessere Wirkungsgrade erreicht als der mit Wärmetauscher. Mit den gewählten Einflußgrößen liegt die Grenze für $\tau_G = 3$ bei $\pi_V = 8{,}4$ und für $\tau_G = 4$ bei $\pi_V = 16$. Dieses Verhalten ist einer der Gründe dafür, daß bei Anlagen mit hohen Turbineneintrittstemperaturen ohne Wärmetauscher hohe Druckverhältnisse angestrebt und dabei hohe Wirkungsgrade erreicht werden.

Allerdings ist auch ersichtlich, daß man mindestens die gleichen Wirkungsgrade bei niedrigen Druckverhältnissen mit Wärmetauscher bei vertretbaren Regenerationsgraden erhält. Letztere Prozeßführung dürfte jedoch meist mit größerem Aufwand verbunden sein.

Die Abweichungen der eingangs angeführten Formeln für die Wirkungsgraddefinition voneinander, wie sie auch in der Darstellung in Abb. 10 erscheinen, geben Anlaß zu untersuchen, welche Faktoren diese Unterschiede bedingen.

Aus diesem Grund wird Gleichung (9a) vereinfacht. Für die folgenden Ausführungen wird ohne Wärmetausch, ohne Verbrennungsverluste und mit konstanter Gaskonstante gerechnet. Es wird daher $\varrho = 0$, $\eta_A = 1{,}0$ und $\xi = 1{,}0$ gesetzt. Damit vereinfacht sich Gleichung (9a) zu

$$\eta_e = \frac{\gamma\left[1 - \dfrac{1}{(\beta\cdot\pi_V)^{m/\gamma}}\right]\cdot\eta_V\cdot\eta_T\cdot\dfrac{\tau_G}{\pi_V^m - 1} - \dfrac{1}{\varphi}}{\zeta\cdot\eta_V\cdot\dfrac{\tau_G - 1}{\pi_V^m - 1} - 1}. \tag{9b}$$

Errechnet man den Wirkungsgrad ohne Druckverluste ($\beta = 1$), so erhält man mit

$$\eta_e = \frac{\gamma\left[1 - \dfrac{1}{\pi_V^{m/\gamma}}\right]\cdot\eta_T\cdot\eta_V\cdot\dfrac{\tau_G}{\pi_V^m - 1} - \dfrac{1}{\varphi}}{\zeta\cdot\eta_V\cdot\dfrac{\tau_G - 1}{\pi_V^m - 1} - 1} \tag{9c}$$

eine Gleichung, die etwa der Gleichung (5) von Schnee [2] entspricht.

Wird der Brennstoffbeiwert vernachlässigt ($\varphi = 1$), so ergibt sich

$$\eta_e = \frac{\gamma\left[1 - \frac{1}{(\beta \cdot \pi_V)^{m/\gamma}}\right] \cdot \eta_T \cdot \eta_V \cdot \frac{\tau_G}{\pi_V^m - 1} - 1}{\zeta \cdot \eta_V \cdot \frac{\tau_G - 1}{\pi_V^m - 1} - 1}. \tag{9d}$$

Bei Vernachlässigung der Veränderung der spezifischen Wärmen während des Prozeßablaufes ($\gamma = 1$; $\zeta = 1$) und mit konstantem Exponenten für die Zustandsänderungen $m = 0{,}286$ ergibt sich mit

$$\eta_e = \frac{\left[1 - \frac{1}{(\beta\, \pi_V)^{0,286}}\right] \cdot \eta_V \cdot \eta_T \cdot \frac{\tau_0}{\pi_V^{0,286} - 1} - \frac{1}{\varphi}}{\eta_V \cdot \frac{\tau_G - 1}{\pi_V^{0,286} - 1} - 1} \tag{9e}$$

die von Rogner [5] angegebene Gleichung (8).

Konstante Exponenten $m = 0{,}286$ und Vernachlässigung von Druckverlusten, Brennstoffeinfluß sowie Änderung der spezifischen Wärmen vorausgesetzt ($\beta = 1$; $\varphi = 1$; $\gamma = 1$; $\zeta = 1$), führt zu einer Gleichung

$$\eta_e = \frac{\eta_T \cdot \eta_V \cdot \frac{\tau_G}{\pi_V^{0,286}} - 1}{\eta_V \cdot \frac{\tau_G - 1}{\pi_V^{0,286} - 1} - 1}, \tag{9f}$$

wie sie bei Kruschik [3] als Gleichung (6) und bei Schnee [2] als Gleichung (5a) angegeben ist.

Setzt man keinen Druckverlust und Brennstoffeinfluß an ($\beta = 1$; $\varphi = 1$), so ergibt sich

$$\eta_e = \frac{\gamma\left[1 - \frac{1}{\pi_V{}^{m/\gamma}}\right] \cdot \eta_T \cdot \eta_V \cdot \frac{\tau_G}{\pi_V^m - 1} - 1}{\zeta \cdot \eta_V \frac{\tau_G - 1}{\pi_V^m - 1} - 1}. \tag{9g}$$

Schließlich seien noch zwei Fälle angeführt.

Wenn man nur den Brennstoffeinfluß berücksichtigt ($\beta = 1$; $\gamma = 1$; $\zeta = 1$) dann ergibt sich

$$\eta_e = \frac{\eta_T \cdot \eta_V \cdot \frac{\tau_G}{\pi_V^m} - \frac{1}{\varphi}}{\eta_V \cdot \frac{\tau_G - 1}{\pi_V^m - 1} - 1}. \tag{9h}$$

Bei Berücksichtigung des Druckverlustes allein ($\varphi = 1$; $\gamma = 1$; $\zeta = 1$) erhält man

$$\eta_e = \frac{\left[1 - \frac{1}{(\beta\, \pi_V)^m}\right] \cdot \eta_T \cdot \eta_V \cdot \frac{\tau_G}{\pi_V^m - 1} - 1}{\eta_V \cdot \frac{\tau_G - 1}{\pi_V^m - 1} - 1}. \tag{9i}$$

Bei der Auswertung der Gleichungen (9h) und (9i) wurde der Exponent einmal $m = 0{,}286 = \text{const}$ zum anderen abhängig von den Prozeßbedingungen eingesetzt.

Damit dürfte die Zahl der Variationen genügen, um die Abweichungen der Angaben für die Wirkungsgraddefinitionen und die Möglichkeiten von Vereinfachungen ausreichend beurteilen zu können. In den folgenden Diagrammen sind die Abweichungen vom Wirkungsgrad bei Berücksichtigung der Vernachlässigungen entsprechend den Gleichungen (9c) bis (9i) gegenüber der Gleichung (9b) abhängig vom Druckverhältnis angegeben (Abb. 12 und 13).

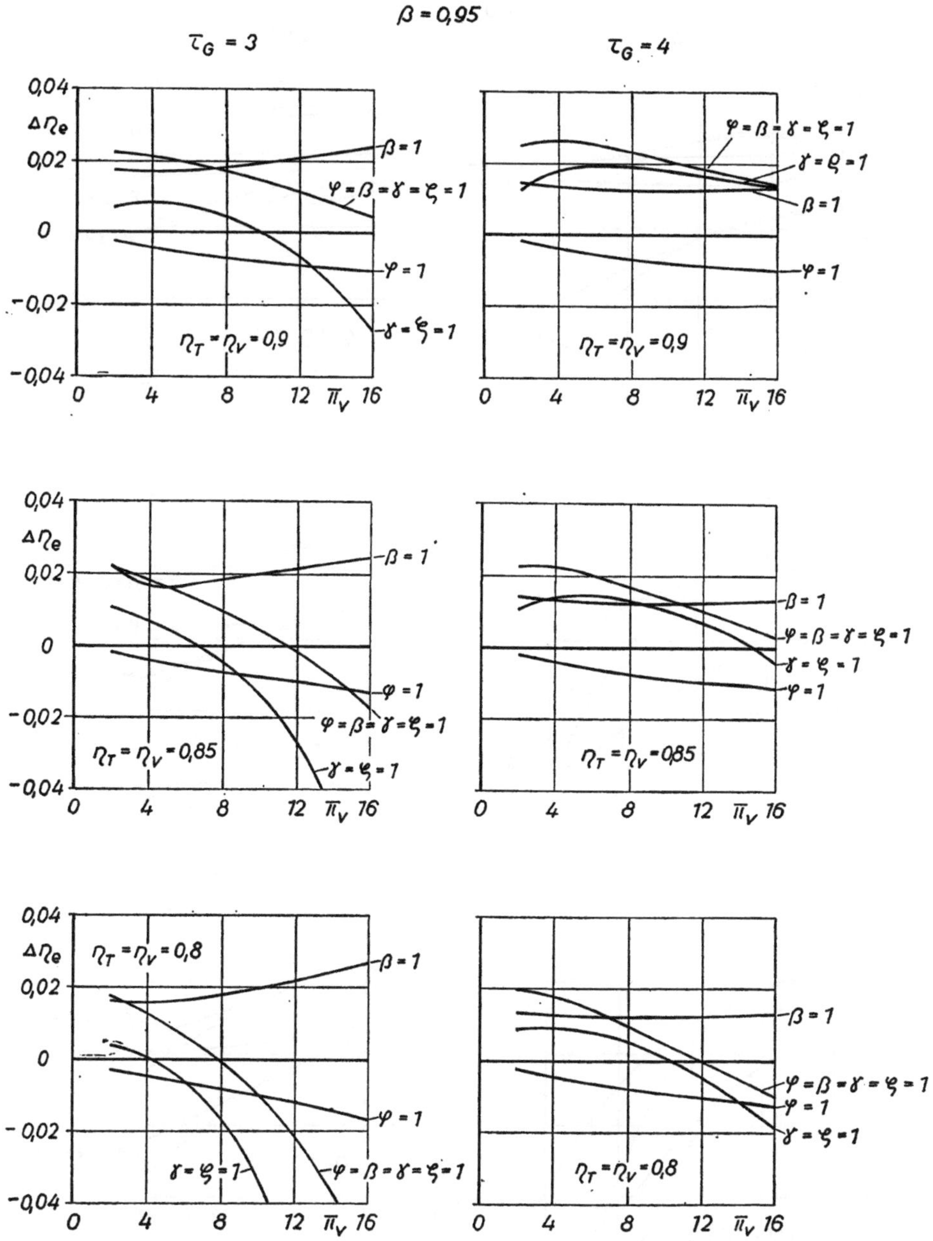

Abb. 12. Abweichungen vom effektiven Wirkungsgrad η_e, die sich bei Vernachlässigung verschiedener den Wirkungsgrad beeinflussender Größen ergeben

Eine Besprechung der einzelnen Diagramme erübrigt sich. Es soll lediglich festgestellt werden, daß für jeden Fall ein Druckverhältnis möglich ist, bei dem Vereinfachungen der vollständigen Gleichung (9) keine Abweichungen im Wirkungsgrad ergeben. In weiten Bereichen jedoch können Unterschiede auftreten, die bei höheren Druckverhältnissen, wie sie bei Anlagen ohne Wärmetauscher bevorzugt werden sollten, ganz erheblich sein können. Es ist jedoch dabei die Tendenz zu erkennen, daß bei hoher Güte der Anlage — also bei sehr guten Aggregatwirkungsgraden und hohen Eintrittstemperaturen in die Turbine — die Vereinfachungen zu geringeren Abweichungen im Wirkungsgrad führen.

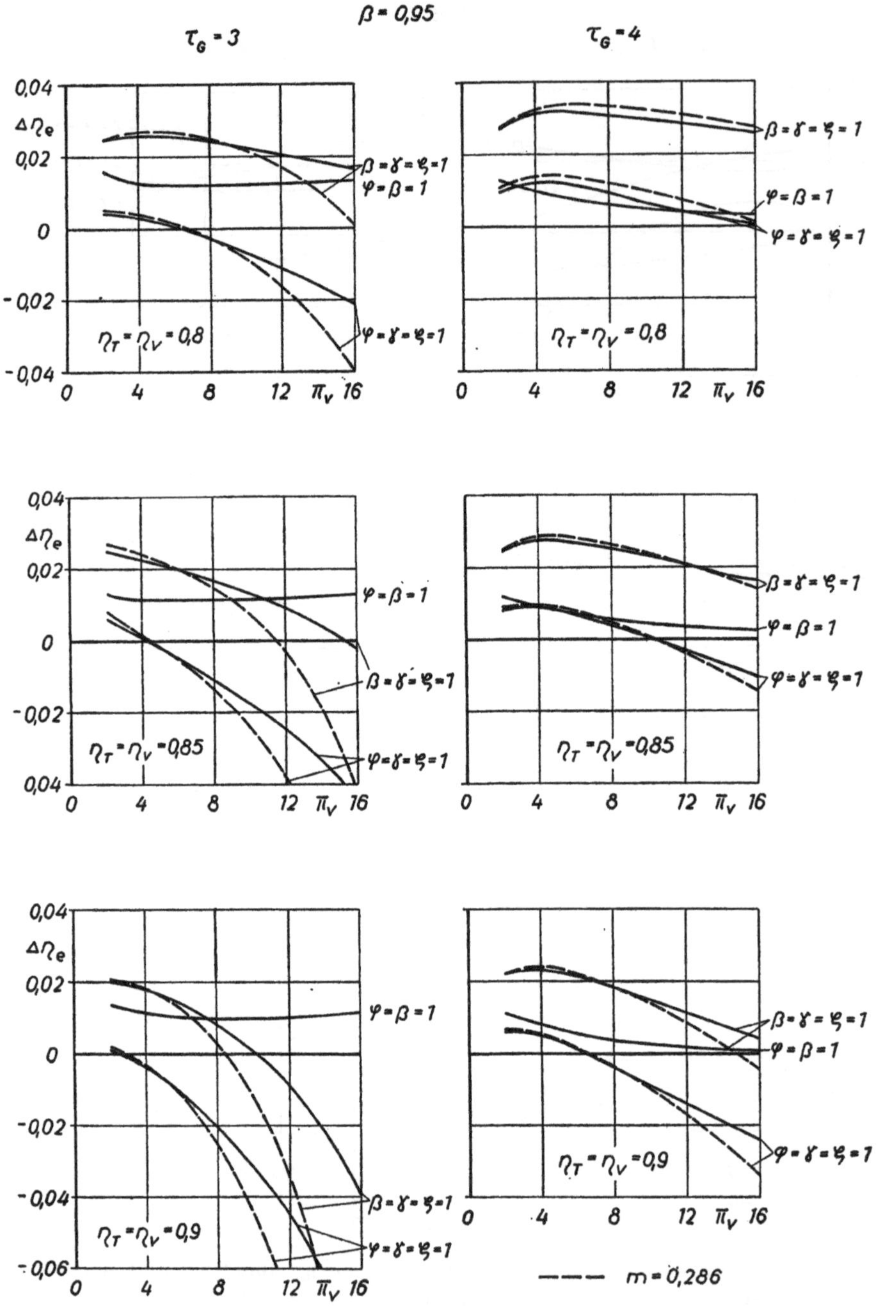

Abb. 13. Abweichungen vom effektiven Wirkungsgrad η_e, die sich bei Vernachlässigung verschiedener den Wirkungsgrad beeinflussender Größen ergeben

Der Einfluß der Veränderlichkeit der spezifischen Wärmen, der Exponent der Zustandsänderungen, der der Gaskonstanten und des Brennstoffbeiwertes brauchen nur in speziellen Fällen untersucht zu werden. Diese Einflüsse sind von den Haupteinflußgrößen abhängig. Für sehr genaue Wirkungsgradberechnungen empfiehlt es sich jedoch, alle Einflußgrößen zu beachten und Gleichung (9) zu verwenden.

Um den eben erwähnten Einfluß deutlicher zu gestalten, sind in Abb. 14 die prozentualen Abweichungen aufgetragen, wie sie bei den angegebenen Vereinfachungen im Vergleich zu der exakten Gleichung (9b) auftreten. Wenn auch prozentuale Angaben leicht zu Überschätzungen der wahren Verhältnisse führen können, erhält man hierbei ein anschauliches Bild von dem Einfluß der Vernachlässigungen, wie sie in absoluter Darstellung in den Abbildungen 12 und 13 bereits gegeben worden sind.

Für diese Betrachtungen sind absichtlich zwei Temperaturverhältnisse ($\tau_G = 3$ und $\tau_G = 4$) gewählt worden, weil die gegenwärtig bevorzugten Turbineneintrittstemperaturen für stationäre Anlagen in den meisten Fällen innerhalb dieser Grenzen liegen. Bei der Auslegung einer Anlage wird häufig der beste Wirkungsgrad für den Betriebspunkt angestrebt. Aus diesem

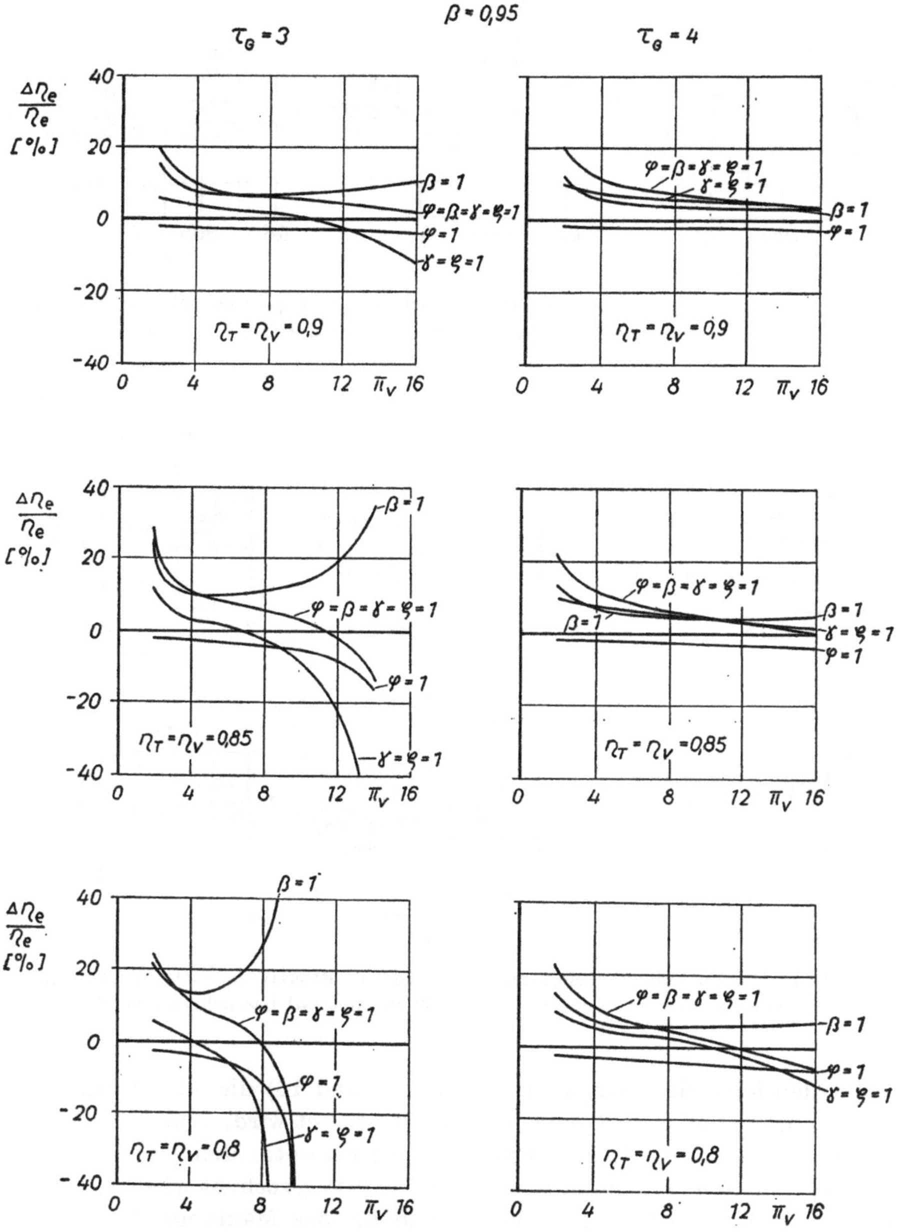

Abb. 14. Prozentuale Abweichungen des effektiven Wirkungsgrades η_e im Vergleich zur exakten Gleichung für verschiedene Vereinfachungen

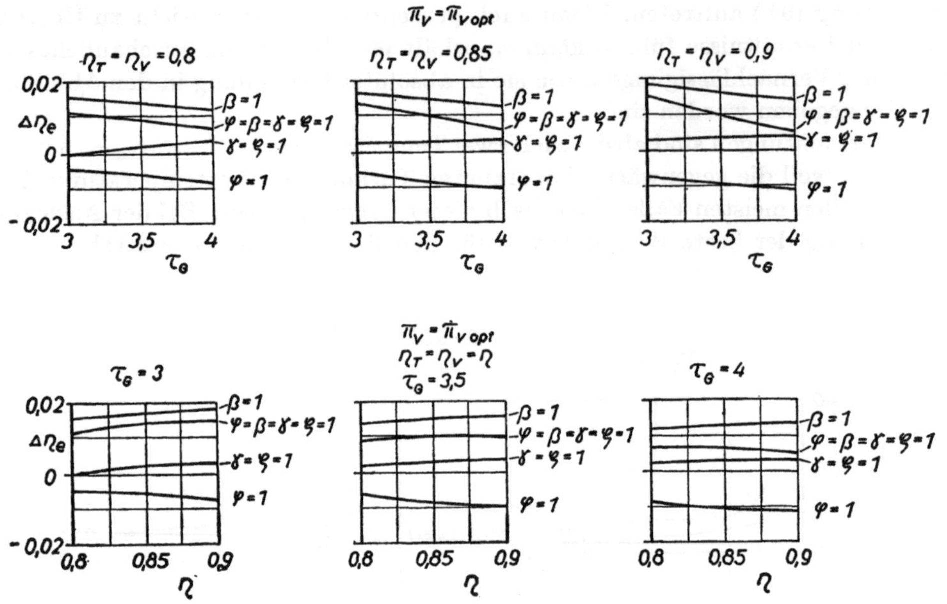

Abb. 15. Abweichungen vom besten effektiven Wirkungsgrad η_e, die sich bei Vernachlässigung verschiedener den Wirkungsgrad beeinflussender Größen ergeben

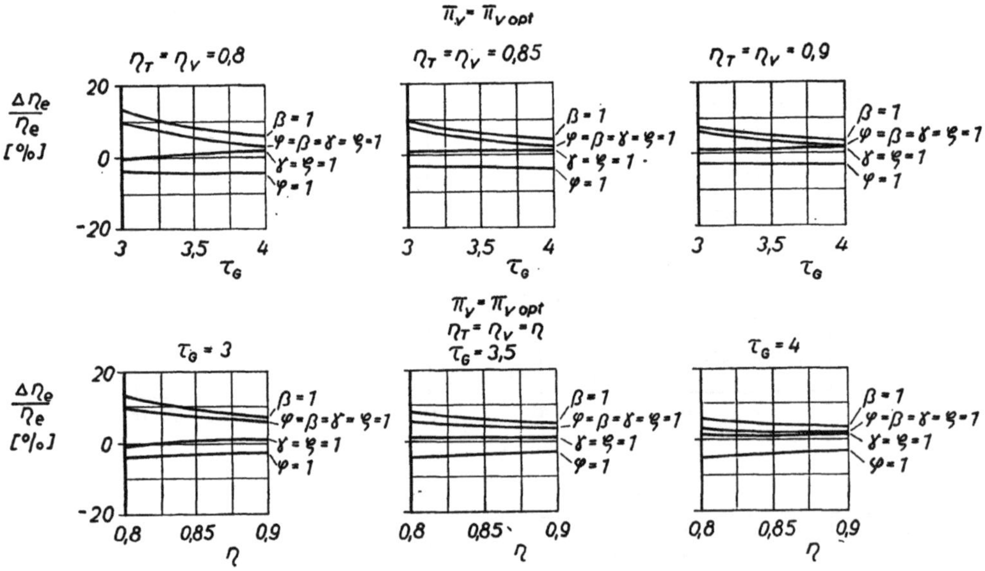

Bild 16. Prozentuale Abweichungen vom besten effektiven Wirkungsgrad η_e, die sich bei Vernachlässigung verschiedener den Wirkungsgrad beeinflussender Größen ergeben

Grund sind in den folgenden Diagrammen (Abb. 15 und 16) die Abweichungen angegeben, wie sie auftreten, wenn nicht mit Gleichung (9b) gearbeitet wird. Abb. 15 gibt die absoluten und Abb. 16 die prozentualen Abweichungen an, die bei optimalen Druckverhältnissen auftreten, wenn mit einer der Gleichungen von (9c) bis (9f) gerechnet wird.

Aus diesen Darstellungen ist zu erkennen, daß für das Maximum des Wirkungsgrades, dem ein optimales Druckverhältnis entspricht, auch im ungünstigsten Fall keine größeren absoluten Abweichungen als 2% gegenüber der genauen Gleichung (9b) auftreten können

(Abb. 15). Dabei ist die Wirkungsgradabweichung abhängig vom Temperaturverhältnis τ_G, welches der Turbineneintrittstemperatur T_3 direkt proportional ist, und vom Wirkungsgrad aufgetragen. Der Turbinenwirkungsgrad ist dem Verdichterwirkungsgrad gleichgesetzt. Es ergibt sich, daß die Vernachlässigung des Druckverlustes in der Anlage den wesentlichsten, jedoch der Brennstoffbeiwert nur geringen Einfluß auf die Abweichungen haben. Das gleiche Verhalten zeigt sich bei prozentualer Betrachtung der Abweichungen (Abb. 16).

Es ist jedoch interessant zu erkennen, daß die Vernachlässigung verschiedener Einflüsse zu geringeren Abweichungen vom Wirkungsgrad führt, da sich die Einflüsse weitestgehend aufheben und der absolute Fehler unter 1% bleibt. Aus diesem Grunde scheint es ausreichend, für überschlägige Rechnungen Gleichung (9f) anzuwenden. Trotzdem sollte man sich stets vergewissern, ob nicht für den erforderlichen Fall die genaue Gleichung (9) zu verwenden ist.

3. Leistung

Die Leistung einer Energiemaschine ist definiert durch die Grundgleichung [8]

$$N = k \cdot \eta \cdot D \cdot H\,. \tag{10}$$

Bezogen auf den Durchsatz lautet diese

$$\nu = \frac{N}{D} = k \cdot \eta \cdot H\,. \tag{10a}$$

Dabei bedeutet k eine Konstante, die für jede Energiemaschine charakteristisch ist.

Auf Grund dieser Abhängigkeiten wurde in der Zwischenzeit von ROGNER [6] eine Gleichung für die Nutzleistung der Gasturbinenanlage angegeben,

$$N = L \cdot c_{pL} \cdot T_1 \frac{1}{\eta_V} \times \left[\varphi \cdot \eta_T \cdot \eta_V \cdot \tau_G \left(1 - \frac{1}{(\beta \cdot \pi_V)^m}\right) - (\pi_V^m - 1)\right], \tag{11}$$

und diagrammatisch ausgewertet. Eines der von ihm angeführten Diagramme (Abb. 17) zeigt diese Abhängigkeiten. Die Leistung wird dabei als dimensionslose Durchsatzleistung abhängig vom Druckverhältnis angegeben. Als Parameter tritt dabei die Kennzahl $\tau_G \cdot \eta_T \cdot \eta_V$ auf, die ebenfalls dimensionslos ist und sich aus dem Produkt der Aggregatwirkungsgrade und dem Temperaturverhältnis zusammensetzt. Neben den Leistungsmaxima für

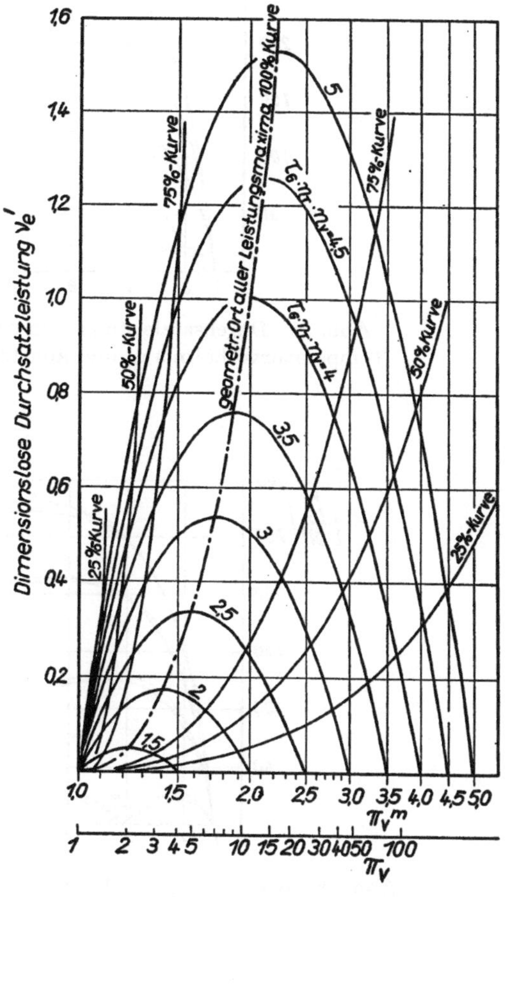

Abb. 17. Dimensionslose Durchsatzleistung ν_e' in Abhängigkeit vom Verdichterdruckverhältnis π_V und der Kennzahl $\tau_G \cdot \eta_T \cdot \eta_V$ (nach ROGNER [6])

einzelne Kennzahlen $\tau_G \cdot \eta_T \cdot \eta_V$ sind Kurven für 100%, 75%, 50% und 25% der maximal zu errechnenden Leistung eingezeichnet und die zugehörigen Druckverhältnisse angegeben.

Bereits früher [7] wurde als vollständige Gleichung für die Durchsatzleistung angegeben

$$\nu_e = 4{,}19 \cdot c_{pL}\Big|_{T_1}^{T_{2*}} \cdot T_1 \left[\varphi \cdot \eta_T \cdot \eta_V \cdot \tau_G \cdot \gamma \left(1 - \frac{1}{(\beta \cdot \pi_V)^{\frac{\xi}{\gamma} m}}\right) - \frac{1}{\eta_V}(\pi_V^m - 1)\right] \quad \left[\frac{\text{kW}}{\text{kg/s}}\right]. \tag{12}$$

Diese Abhängigkeiten in einem Diagramm dargestellt, ergibt Abb. 18. Hierbei sind nur die wesentlichsten Einflußgrößen bei konstanten Aggregatwirkungsgraden berücksichtigt, um die Übersichtlichkeit zu wahren.

Da weiterhin Gleichung (12) Werte enthält, die in vertretbaren Grenzen als konstant angenommen werden können [7], führt diese Vereinfachung zu folgender Gleichung:

$$\nu_e = 297\,(\pi_V^{0,278} - 1)\left[1{,}03\,\frac{\eta_T \cdot \tau_G}{\pi_V^{0,278}} - \frac{1}{\eta_V}\right] \quad \left[\frac{\text{kW}}{\text{kg/s}}\right]. \tag{12a}$$

Die Abweichung der Gleichung (12) von (12a) ergibt Abb. 19. Auch bei der Leistungsdarstellung besteht das Bestreben, wie auch aus Abb. 17 ersichtlich ist, sämtliche Einflußgrößen diagrammatisch zusammenfassend darzustellen. Es gelingt jedoch dabei nicht herauszustellen, welche der Bestimmungsgrößen den wesentlichsten Einfluß auf die Durchsatz-

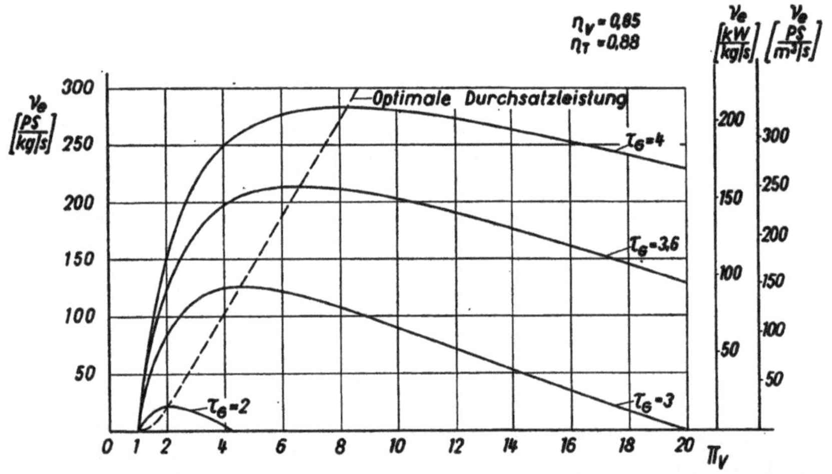

Abb. 18. Durchsatzleistung ν_e in Abhängigkeit vom Verdichterdruckverhältnis π_V, Temperaturverhältnis τ_G und konstant gesetzten Aggregatwirkungsgraden η_T und η_V

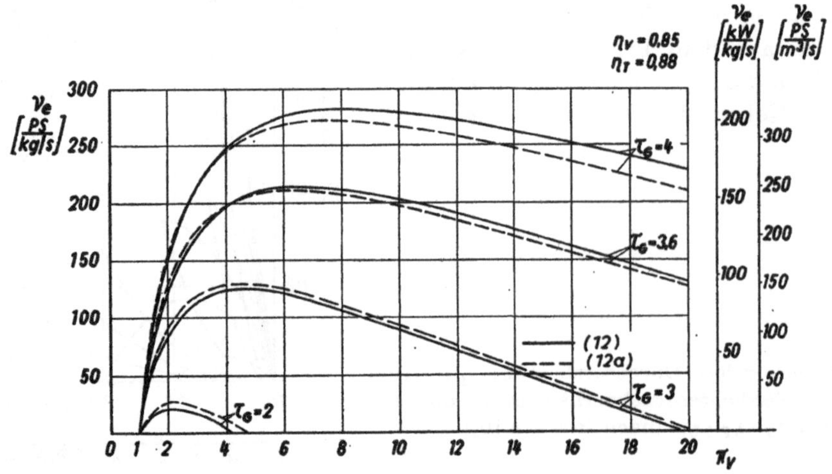

Abb. 19. Abweichung der Durchsatzleistung ν_e der Gleichung (12) von Gleichung (12a)

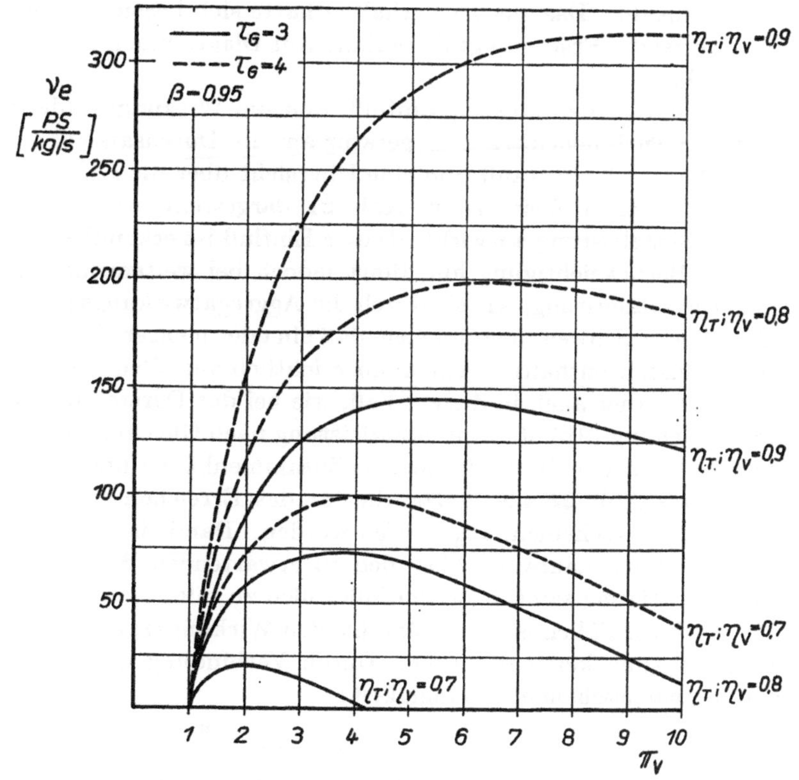

Abb. 20. Einfluß der Aggregatwirkungsgrade η_T und η_V auf die Durchsatzleistung ν_e

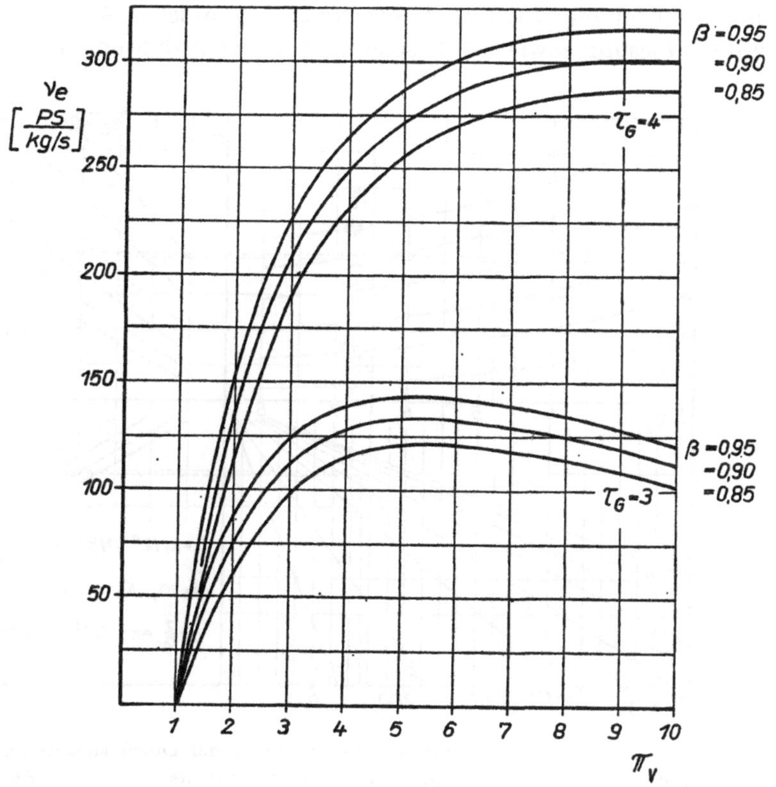

Abb. 21. Einfluß des Druckverlustfaktors β auf die Durchsatzleistung ν_e

leistung ausübt. Das gleiche Verhalten hatte sich bereits bei der Darstellung des Wirkungsgrades gezeigt. Erst eine größere Zahl von Diagrammen könnte den gewünschten Eindruck vermitteln.

Abb. 20 zeigt den starken Einfluß, den die Wirkungsgrade von Verdichter und Turbine neben der Turbineneintrittstemperatur auf die Durchsatzleistung haben. Dabei wurden nur wenige Parameter gewählt, um eine Übersicht über die Kurvenverläufe zu gewährleisten.

In der gleichen Weise ist in Abb. 21 dargestellt, wie sich der Druckverlustfaktor β auf die Durchsatzleistung auswirkt. Dieser Einfluß ist erkennbar und deutet auf die Notwendigkeit der Berücksichtigung hin, führt jedoch bei weitem nicht zu derartigen Abweichungen der Durchsatzleistung, wie sie durch die Aggregatwirkungsgrade entstehen.

Aus diesen Hinweisen ergibt sich, daß ein oder mehrere Diagramme, die alle Einflußgrößen aufgeschlüsselt enthalten, sehr unübersichtlich ausfallen würden.

Es wird daher auch in diesem Fall, wie bei der Darstellung des Wirkungsgrades in Abb. 9 nach Gleichung (9b), die Durchsatzleistung nach Gleichung (12a) in einer Netztafel (Abb. 22) dargestellt, in der die funktionellen Zusammenhänge nicht mehr erkennbar sind. Hingegen können aus Abb. 22 alle Werte, die für das Erreichen einer bestimmten Durchsatzleistung zweckmäßig erscheinen, abgegriffen werden. Damit ist es möglich, aus Abb. 9 und Abb. 22 sich ohne Rechenaufwand über den zu erwartenden Wirkungsgrad und die Leistung unter Berücksichtigung sämtlicher Einflußgrößen zu informieren.

In gewissen Fällen ist es erwünscht, den Wirkungsgrad im Zusammenhang mit der erreichbaren Leistung kennenzulernen. Durch Verbindung der Gleichungen (9b) und (12) erhält man die nachstehende Abhängigkeit:

$$\eta_e = \frac{\nu_e}{4{,}19\, c_{pL} \Big|_{T_1}^{T_{20}} \cdot T_1 \cdot \varphi \left[\zeta\,(\tau_G - 1) - \frac{1}{\eta_V}\,(\pi_V^m - 1) \right]} \,. \qquad (13)$$

Das mit Gleichung (13) aufgestellte Nomogramm ist in Abb. 23 wiedergegeben. Das Schema für die Ablesung sowie ein Beispiel sind in der Abbildung mit angegeben. Demzufolge sind

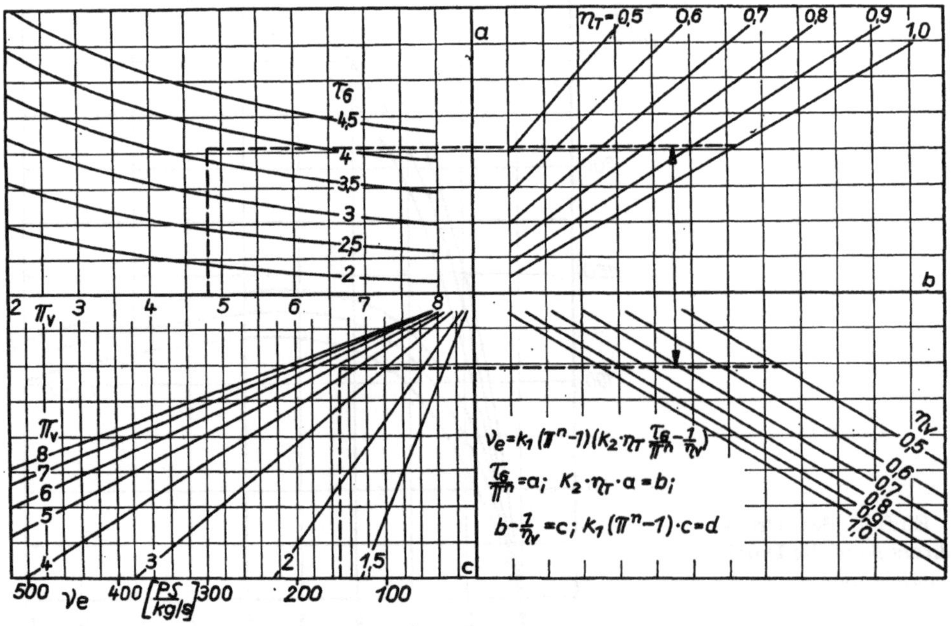

Abb. 22. Nomogramm zur Bestimmung der Durchsatzleistung ν_e in Abhängigkeit vom Verdichterdruckverhältnis π_V, Temperaturverhältnis τ_G und den Aggregatwirkungsgraden η_T und η_V

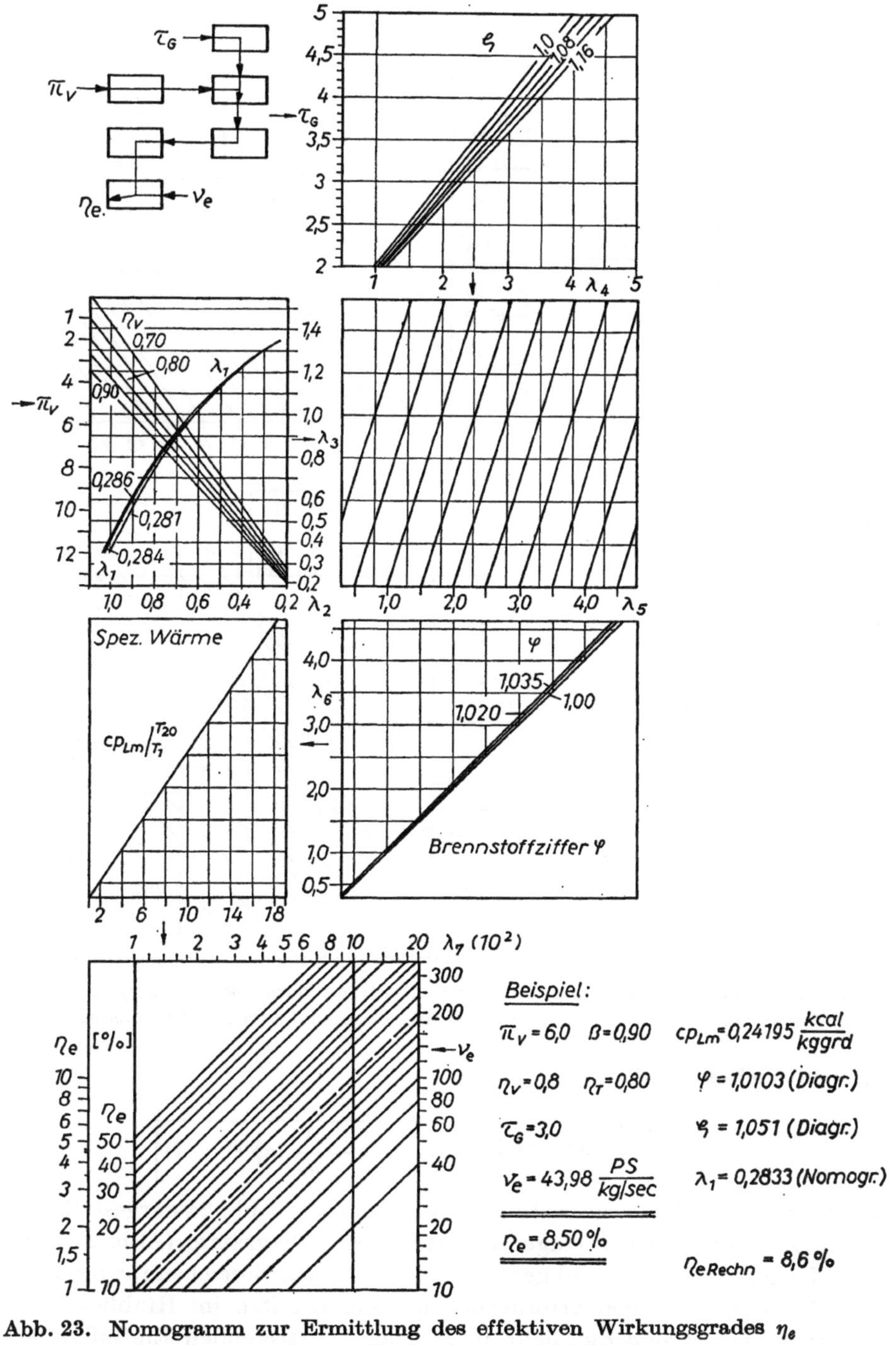

Abb. 23. Nomogramm zur Ermittlung des effektiven Wirkungsgrades η_e im Zusammenhang mit der Durchsatzleistung ν_e

unter Berücksichtigung möglichst aller auftretenden Einflußgrößen die geforderten Bestimmungsgrößen festzustellen.

Dieses verhältnismäßig umfangreiche Nomogramm kann in ein solches geringeren Umfangs abgewandelt werden, wenn Gleichung (13) vereinfacht dargestellt wird.

Nimmt man an für

$$\varphi = 1{,}015; \quad \zeta = 1{,}07; \quad m = 0{,}283; \quad t_1 = 15\ ^\circ\mathrm{C}; \quad c_{pL}\Big|_{T_1}^{T_{20}} = 0{,}242\ \frac{\mathrm{kcal}}{\mathrm{kg\ Grad}},$$

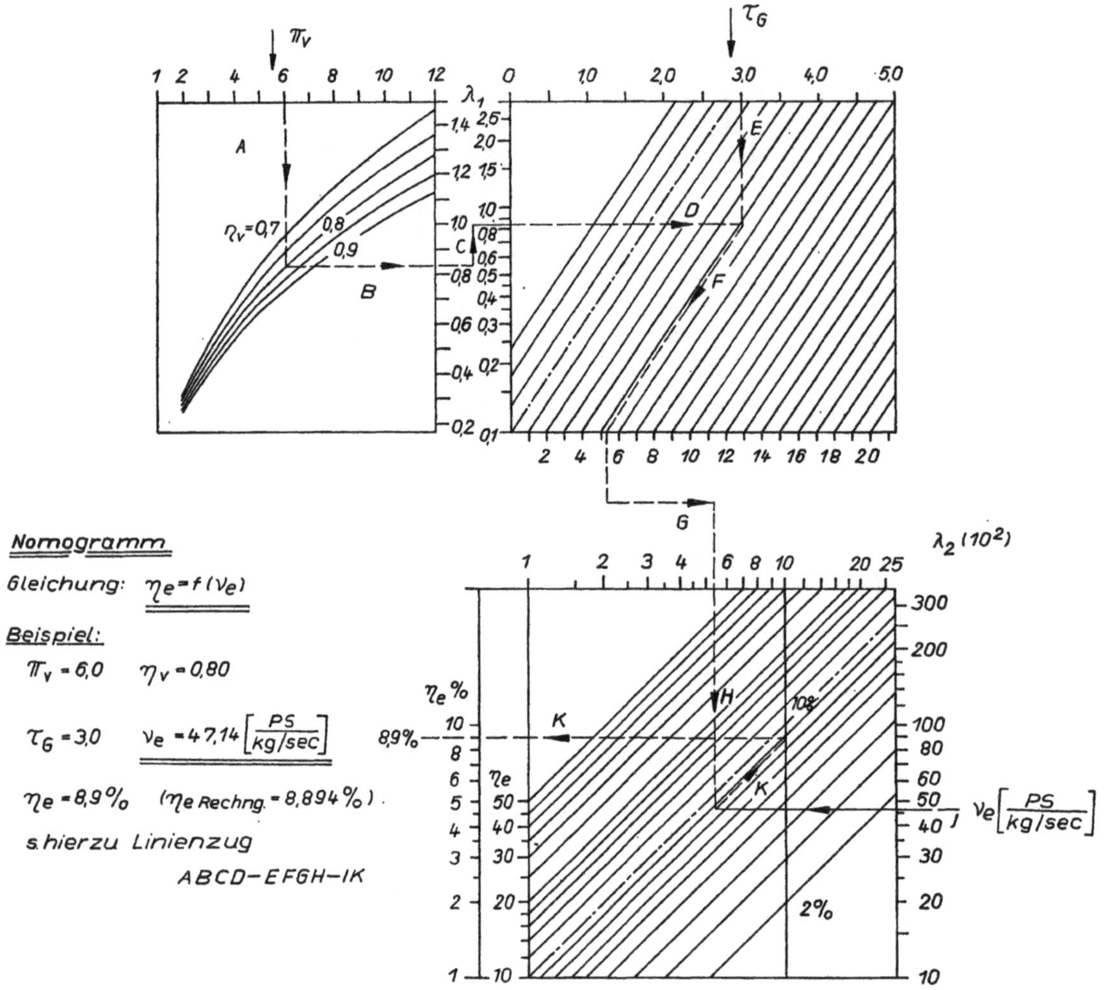

Abb. 24. Nomogramm zur Ermittlung des effektiven Wirkungsgrades η_e in Zusammenhang mit der Durchsatzleistung ν_e. Einzelne Einflußgrößen sind vereinfacht konstant gesetzt worden

so wird aus Gleichung (13)

$$\eta_e = \frac{\nu_e}{403{,}226\left[1{,}07\,(\tau_G - 1) - \frac{1}{\eta_V}\,(\pi_V^{0{,}283} - 1)\right]}. \tag{13a}$$

Das mit Gleichung (13a) gezeichnete Nomogramm ist in Abb. 24 dargestellt. Auch in diesem Fall ist ein Ablesungsbeispiel eingezeichnet. Dieses Diagramm (Abb. 24) ist in der Handhabung einfacher als Abb. 23 und genügt in den üblichen Bereichen für die Druckverhältnisse von $\pi_V = 2$ bis $\pi_V = 12$ den erforderlichen Genauigkeiten im Hinblick auf Leistung und Wirkungsgrad. Dabei sind die nicht in Erscheinung tretenden Einflußgrößen η_T, β und γ bereits in der den Gleichungen (13) und (13a) zugrunde liegenden Gleichung (12) enthalten.

Die wesentlichsten Beeinflussungen erfahren Wirkungsgrad und Leistung durch die Eintrittstemperaturen der Gase in die Turbine, durch das Druckverhältnis, welches der Verdichter liefert, und durch die Wirkungsgrade von Turbine und Verdichter. Auch die Druckverluste in der Anlage und die Veränderlichkeit der spezifischen Wärmen, sowie in geringem Maße die Änderung der Gaskonstanten infolge der Verbrennung, sollten beachtet werden.

Für genaue Rechnungen sind die angegebenen Gleichungen, für projektmäßige Auslegungen mit genügender Genauigkeit die Diagramme zu verwenden.

4. Optimalbedingungen

Die Diagramme für den thermischen Wirkungsgrad und die Durchsatzleistung lassen für beide Abhängigkeiten vom Druckverhältnis optimale Bereiche erkennen. Die dem Wirkungsgrad und der Durchsatzleistung zugehörigen optimalen Druckverhältnisse ergeben sich aus den Gleichungen (9) für den Wirkungsgrad und (12) für die Durchsatzleistung infolge von Maximalbetrachtungen.

$$\frac{\partial \eta_e}{\partial \pi_V} = 0\,; \qquad \frac{\partial \nu_e}{\partial \pi_V} = 0\,.$$

Für maximalen Wirkungsgrad $\eta_{\max}$ erhält man als optimales Druckverhältnis

$$\pi_{V\,\mathrm{opt}} = \left\{ \frac{\eta_T \cdot \eta_V \cdot \tau_G \cdot \gamma \cdot \dfrac{A \cdot R_L}{c_{pL}\Big|_{T_1}^{T_{20}}} \left(\dfrac{\xi}{\gamma} + 1\right)}{2 \cdot \beta^{\frac{\xi \cdot A \cdot R_L}{\gamma \cdot c_{pL}\big|_{T_1}^{T_{20}}}} \cdot \dfrac{A \cdot R_L}{c_{pL}\Big|_{T_1}^{T_{20}}} \cdot \eta_V \cdot \eta_T \cdot \tau_G \left[\gamma - \dfrac{\zeta}{\varphi \cdot \eta_T} \cdot \dfrac{\tau_G - 1}{\tau_G}\right]} \right.$$

$$- \sqrt{\left(\frac{\eta_T \cdot \eta_V \cdot \tau_G \cdot \gamma \cdot \dfrac{A \cdot R_L}{c_{pL}\Big|_{T_1}^{T_{20}}} \left(\dfrac{\xi}{\gamma} + 1\right)}{2 \cdot \beta^{\frac{\xi \cdot A \cdot R_L}{\gamma \cdot c_{pL}\big|_{T_1}^{T_{20}}}} \cdot \dfrac{A \cdot R_L}{c_{pL}\Big|_{T_1}^{T_{20}}} \cdot \eta_V \cdot \eta_T \cdot \tau_G \left[\gamma - \dfrac{\zeta}{\varphi \cdot \eta_T} \cdot \dfrac{\tau_G - 1}{\tau_G}\right]}\right)^2 -}$$

$$\left. \overline{- \frac{\eta_T \cdot \eta_V \cdot \tau_G \cdot \gamma \cdot \dfrac{\xi}{\gamma} \cdot \dfrac{A \cdot R_L}{c_{pL}\Big|_{T_1}^{T_{20}}} \cdot [\eta_V \cdot \zeta\,(\tau_G - 1) + 1]}{\beta^{\frac{\xi \cdot A \cdot R_L}{\gamma \cdot c_{pL}\big|_{T_1}^{T_{20}}}} \cdot \dfrac{A \cdot R_L}{c_{pL}\Big|_{T_1}^{T_{20}}} \cdot \eta_V \cdot \eta_T \cdot \tau_G \left[\gamma - \dfrac{\zeta}{\varphi \cdot \eta_T} \cdot \dfrac{\tau_G - 1}{\tau_G}\right]}} \right\}^{\frac{c_{pL}\big|_{T_1}^{T_{20}}}{A \cdot R_L}} \tag{14}$$

oder mit

$$\Omega = \eta_T \cdot \eta_V \cdot \tau_G$$

und

$$\psi = \frac{1}{\eta_T} \cdot \frac{\tau_G - 1}{\tau_G}$$

sowie

$$\frac{A \cdot R_L}{c_{pL}\Big|_{T_1}^{T_{20}}} = m\,,$$

$$\pi_{V\,\mathrm{opt}} = \left\{ \frac{\dfrac{\xi}{\gamma} + 1}{2 \cdot \beta^{\frac{\xi}{\gamma} m} \left(1 - \dfrac{\zeta \cdot \psi}{\gamma \cdot \varphi}\right)} \right\}^{1/m} \cdot \left\{ 1 - \sqrt{1 - \frac{4 \cdot \beta^{\frac{\xi}{\gamma} m}\, \dfrac{\xi}{\gamma}\,(1 + \zeta\,\Omega\,\psi)\left(1 - \dfrac{\zeta \cdot \psi}{\gamma \cdot \varphi}\right)}{\left(\dfrac{\xi}{\gamma} + 1\right)^2}} \right\}^{1/m} \tag{14a}$$

Für den Wirkungsgrad wird eine Netztafel nach Abb. 25, die unter Verwendung von Gleichung (14) entworfen wurde, vorgeschlagen. Aus ihr können alle Werte abgegriffen werden, die bei einem gewählten Druckverhältnis und den technisch erreichbaren Werten, wie sie Gleichung (14) beinhaltet, zu maximalen Wirkungsgraden für eine Anlage führen.

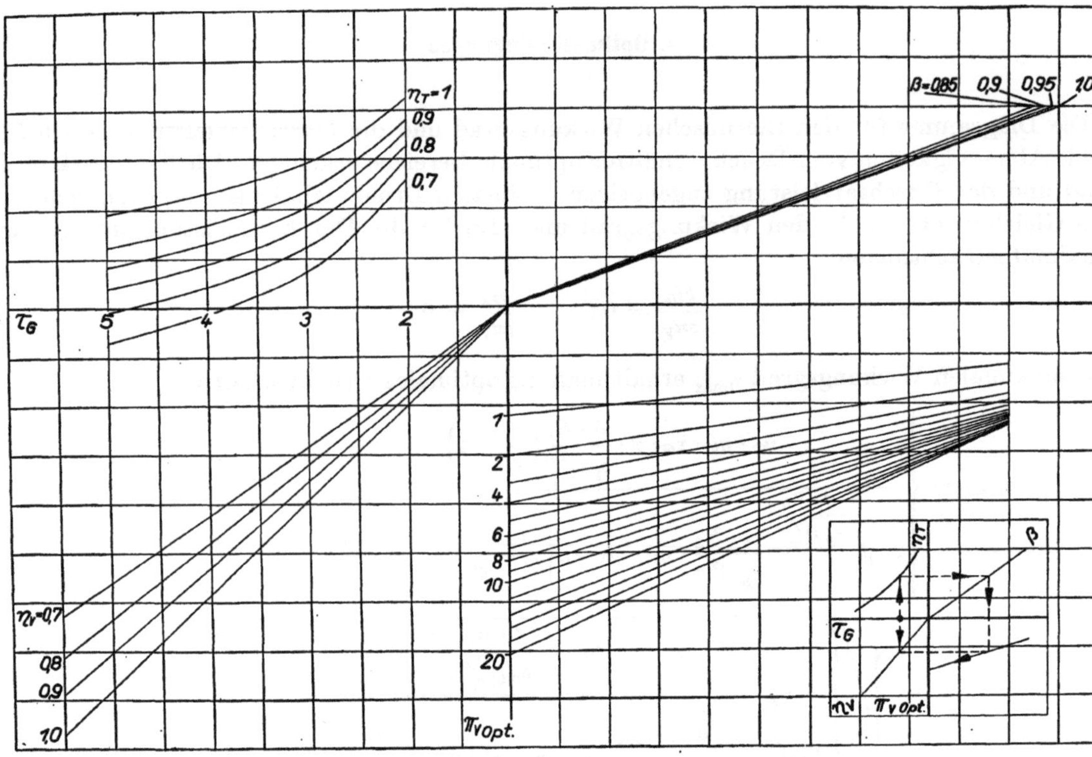

Abb. 25. Nomogramm zur Ermittlung des Druckverhältnisses $\pi_{V\,\mathrm{opt}}$ für besten effektiven Wirkungsgrad

Aus den Diagrammen Abb. 10, 15 und 16 ist zu erkennen, daß die Maxima der Wirkungsgrade nicht allzusehr von den Größen beeinflußt werden, die als Verhältniszahlen die Abweichungen von den wahren Werten darstellen. Daher kann gesetzt werden:

$$\beta = 1; \quad \gamma = 1{,}0; \quad \zeta = 1{,}0; \quad \varphi = 1{,}0; \quad \xi = 1{,}0 \text{ und } m = 0{,}286 .$$

Mit diesen Werten ergibt sich

$$\pi_{V\,\mathrm{opt}} = \left(\frac{1}{1-\psi}\right)^{3,5} \cdot \left(1 - \sqrt{\psi\,[1 - \Omega\,(1-\psi)]}\right)^{3,5} . \tag{14b}$$

Nach der Anlagenkennzahl Ω aufgelöst ergibt sich

$$\Omega = \frac{1}{1-\psi}\left\{1 - \frac{1}{\psi}\,[1 - (1-\psi)\cdot\pi_{V\,\mathrm{opt}}^{0,286}]^2\right\} \tag{14c}$$

oder

$$\Omega = \pi_{V\,\mathrm{opt}}^{0,572} - \frac{1}{\psi}\,(\pi_{V\,\mathrm{opt}}^{0,286} - 1)^2$$

und für die Turbinenkennzahl ψ

$$\psi = \frac{(\pi_{V\,\mathrm{opt}}^{0,286} - 1)^2}{\pi_{V\,\mathrm{opt}}^{0,572} - \Omega} . \tag{14d}$$

Mit diesen Gleichungen lassen sich die dimensionslosen Kennzahlen Ω, ψ und $\pi_{V\,\mathrm{opt}}$ in einem Diagramm darstellen, welches gestattet, bei freier Wahl von zwei dieser Größen die dritte zu bestimmen (Abb. 26).

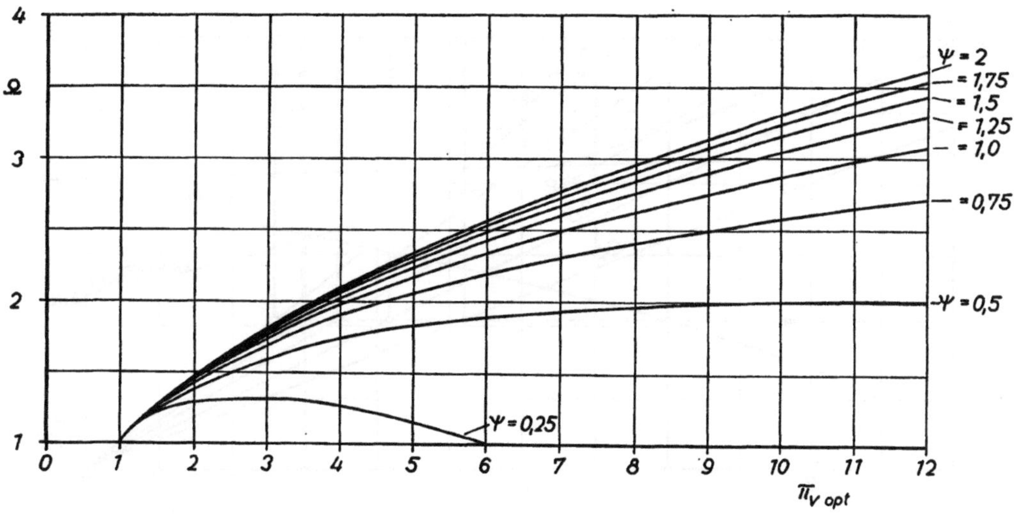

Abb. 26. Anlagenkennzahl Ω in Abhängigkeit vom Verdichterdruckverhältnis $\pi_{V\,\mathrm{opt}}$ für besten Wirkungsgrad η_e und der Turbinenkennzahl ψ

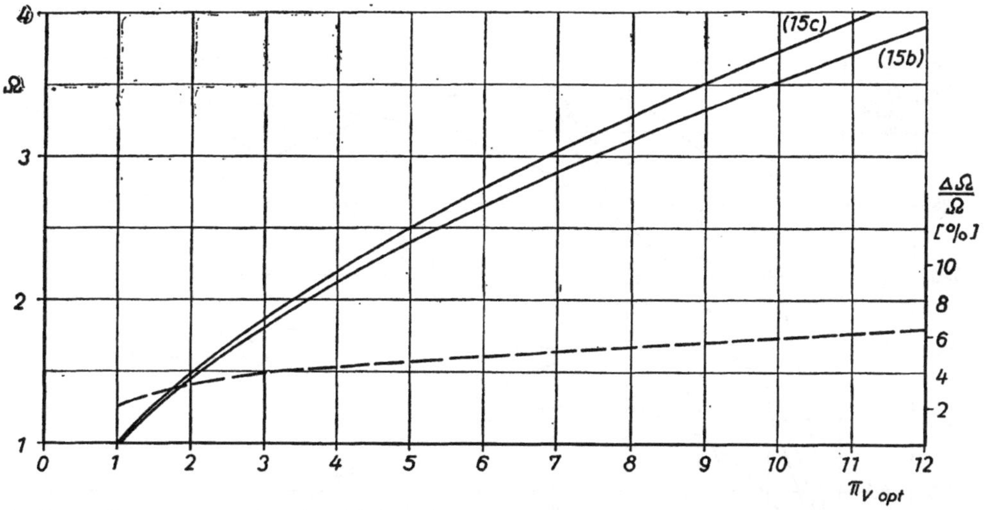

Abb. 27. Anlagenkennzahl Ω in Abhängigkeit vom Verdichterdruckverhältnis $\pi_{V\,\mathrm{opt}}$ für beste Durchsatzleistung ν_e nach Gleichung (15b) und (15c) und die prozentualen Abweichungen, die bei den vereinfachenden Annahmen auftreten

Für die maximale Durchsatzleistung $\nu_{e\,\max}$ ergibt sich das optimale Druckverhältnis zu

$$\pi_{V\,\mathrm{opt}} = \frac{(\varphi \cdot \xi \cdot \eta_T \cdot \eta_V \cdot \tau_G)^{\dfrac{1}{\dfrac{A \cdot R_L}{c_{pL}\Big|_{T_1}^{T_{20}}} \cdot \left(1 + \dfrac{\xi}{\gamma}\right)}}}{\beta^{\left(\frac{\gamma}{\xi} + 1\right)}}, \tag{15}$$

und mit

$$\Omega = \eta_T \cdot \eta_V \cdot \tau_G \qquad \text{sowie} \qquad \frac{A \cdot R_L}{c_{pL}\Big|_{T_1}^{T_{20}}} = m$$

$$\pi_{V\,\mathrm{opt}} = \frac{(\varphi \cdot \xi \cdot \Omega)^{\frac{1}{m\,(1 + \xi/\gamma)}}}{\beta^{(\gamma/\xi + 1)}}. \tag{15a}$$

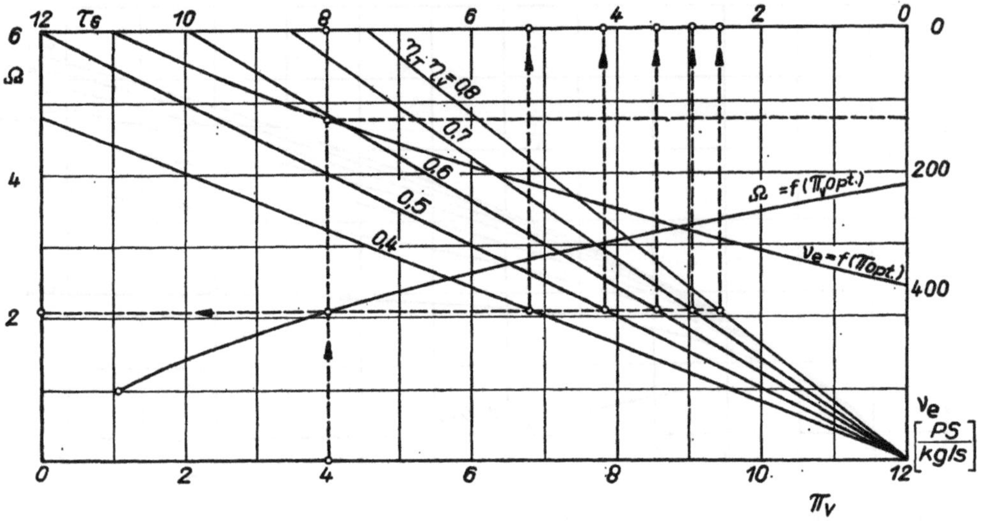

Abb. 28. Anlagenkennzahl Ω und beste Durchsatzleistung ν_e in Abhängigkeit vom Verdichterdruckverhältnis $\pi_{V_{opt}}$, Temperaturverhältnis τ_G und den Aggregatwirkungsgraden η_T und η_V

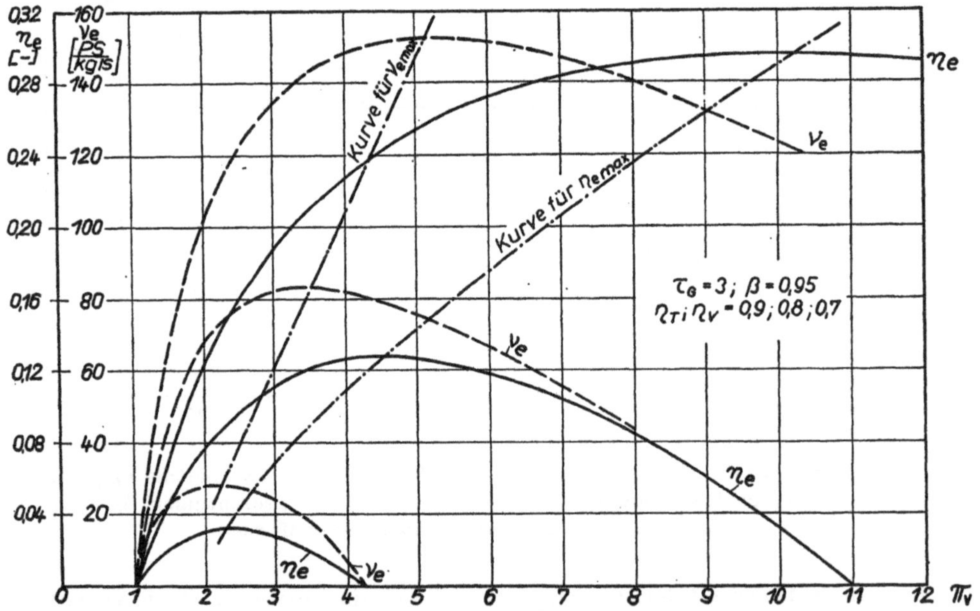

Abb. 29. Effektiver Wirkungsgrad η_e und Durchsatzleistung ν_e in Abhängigkeit vom Verdichterdruckverhältnis π_V, den Aggregatwirkungsgraden η_T und η_V. Temperaturverhältnis τ_G und Druckverlustfaktor β sind konstant gesetzt worden

Setzt man entsprechend den thermodynamischen Bedingungen

$$\beta = 0{,}97 \cdots 0{,}95\,, \qquad \varphi = 1{,}01 \cdots 1{,}03\,,$$
$$\gamma = 1{,}18 \cdots 1{,}0\,, \qquad \xi = 1{,}0\,,$$

so wird aus Gleichung (15) nach [7]

$$\pi_{V\,opt} = (1{,}02 \cdot \eta_T \cdot \eta_V \cdot \tau_G)^{1,8} = (1{,}02\ \Omega)^{1,8}\,. \qquad (15\text{b})$$

Mit den zulässigen Vereinfachungen

$$\beta = 1{,}0; \quad \varphi = 1{,}0; \quad \xi = 1{,}0; \quad \gamma = 1{,}0 \quad \text{und} \quad m = 0{,}286$$

ergibt sich

$$\pi_{V\,\mathrm{opt}} = \Omega^{1,75}\,. \tag{15c}$$

Diese Gleichungen (15b) und (15c) sind im Diagramm in Abb. 27 dargestellt. Die mit den vereinfachten Annahmen nach Gleichung (15c) gezeichnete Kurve weicht in vertretbaren Grenzen von der nach Gleichung (15b) ab. Die Abweichungen sind ebenfalls dargestellt. Mit diesem Diagramm kann somit bei Wahl einer der beiden Kenngrößen die andere gefunden werden. Die Turbinenkennzahl ψ tritt dabei nicht in der Form auf, wie sie bei der Bestimmung des optimalen Druckverhältnisses für den Wirkungsgrad definiert wurde. Eine weitere

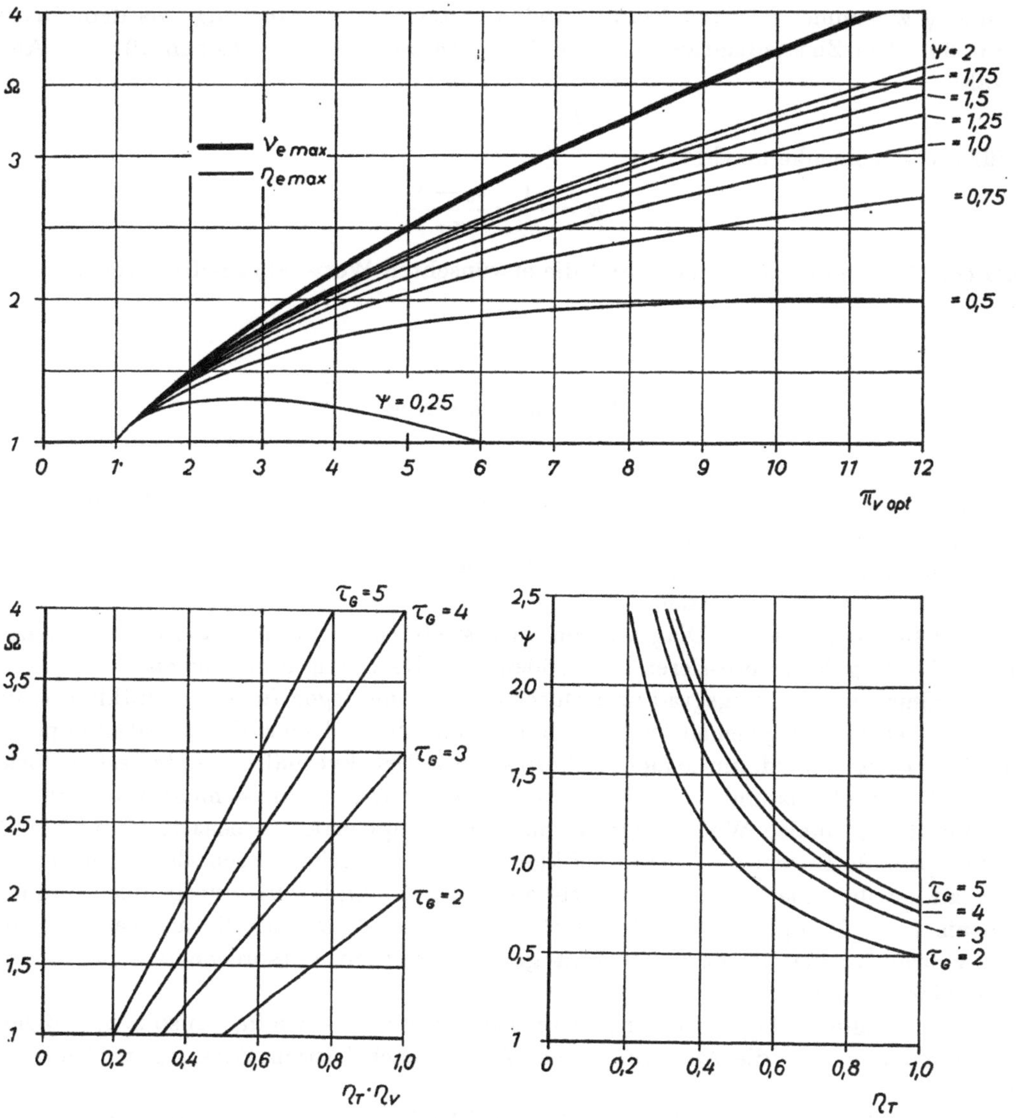

Abb. 30. Zusammenfassende Darstellung zur Ermittlung des Verdichterdruckverhältnisses $\pi_{V\,\mathrm{opt}}$ für besten Wirkungsgrad η_e und beste Durchsatzleistung v_e in Abhängigkeit von der Anlagenkennzahl Ω und der Turbinenkennzahl ψ

Möglichkeit der Darstellung von Gleichung (15b) ist in Abb. 28 gegeben, in der die Einzelgrößen aufgegliedert wurden.

Schließlich sei noch darauf hingewiesen, daß der maximale Wirkungsgrad und die maximale Durchsatzleistung für die gewählte Prozeßführung nie bei gleichem Druckverhältnis liegen können (Abb. 29). Je größer die einzelnen Haupteinflußgrößen, Eintrittstemperatur in die Turbine und Aggregatwirkungsgrade ausfallen, um so mehr weichen die zu den maximalen Werten für Wirkungsgrad und Leistung gehörenden optimalen Druckverhältnisse voneinander ab. Es wird offensichtlich, daß in solchen Fällen bei der Auslegung eine Entscheidung nach bestem Wirkungsgrad oder bester Leistung zu treffen ist.

In Abb. 30 sind noch einmal die Ergebnisse der Gleichungen (14b) und (15c) zusammengefaßt. Damit ist es möglich, für eine gewählte Anlagenkennzahl Ω und der dadurch festgelegten Turbinenkennzahl ψ das optimale Druckverhältnis für geforderte Leistungen und Wirkungsgrade zu ermitteln. Auch bei der Wahl des Druckverhältnisses ergeben sich die in Ω und ψ zusammengefaßten Einflußgrößen einfach durch Ablesung aus dem Diagramm in Abb. 30. Die Zusatzdiagramme, Abb. 30, enthalten die Funktionen für die Anlagenkennzahl

$$\Omega = \eta_T \cdot \eta_V \cdot \tau_G$$

und für die Turbinenkennzahl

$$\psi = \frac{1}{\eta_T} \cdot \frac{\tau_G - 1}{\tau_G} .$$

Es können damit ohne Rechenaufwand die erwünschten Werte abgegriffen werden.

5. Zusammenfassung

Es werden bisher bekanntgewordene funktionelle Abhängigkeiten über Wirkungsgrad und Durchsatzleistung angeführt und verglichen.

Aus allgemeingültigen Gleichungen für Wirkungsgrad und Durchsatzleistung werden die optimalen Bedingungen ermittelt.

Die Ergebnisse werden in Diagrammen dargestellt sowie in Netztafeln zusammengefaßt, die eine Ablesung der interessierenden Größen ohne Rechnung ermöglichen.

Die Maxima von Wirkungsgrad und Durchsatzleistung liegen für den gewählten einfachen offenen Prozeß nie bei gleichen Druckverhältnissen. Je niedriger die Eintrittstemperatur in die Turbine gewählt wird, um so mehr nähern sich die Druckverhältnisse für besten Wirkungsgrad und Durchsatzleistung. Je höher diese Temperatur liegt, um so mehr weicht das Druckverhältnis für optimalen Wirkungsgrad von dem für optimale Durchsatzleistung ab. Dabei liegt die optimale Durchsatzleistung bei kleineren Druckverhältnissen als der optimale Wirkungsgrad, wobei die Turbineneintrittstemperatur, dargestellt durch das Temperaturverhältnis $\tau_G = T_3/T_1$, der Druckverlust β und die Aggregatwirkungsgrade η_T und η_V in den gebräuchlichen Grenzen konstant gehalten werden, entsprechend dem Auslegungszustand einer Anlage.

Je mehr es gelingt, die Gasturbine technisch weiterzuentwickeln, um so notwendiger wird die Entscheidung über die Auslegung einer Anlage nach bestem Wirkungsgrad oder bester Leistung.

Die Kenngrößen, wie sie in den angeführten Gleichungen auftreten, müssen durch gesonderte Untersuchungen bestimmt werden, um ihren Einfluß auf das Endergebnis festlegen zu können. Es liegen auch noch zu wenig Erfahrungswerte vor, um den wirtschaftlichsten

Wirkungsgrad und die wirtschaftlichste Leistung zu bestimmen. Immerhin ist es gegenwärtig möglich, auf Grund von Angaben sich über neueste Anlagen zu informieren [9, 10]. Es sind bereits mehr als 600 ortsfeste Anlagen und das Vielfache davon als Triebwerke in Betrieb. Aus diesen Unterlagen können die erreichbaren Einzelgrößen entnommen und die thermodynamische Auslegung auf Grund der angegebenen Gleichungen, Diagramme und Netztafeln vorgenommen werden.

LITERATUR

[1] Friedrich, R., Gasturbinen mit Gleichdruckverbrennung. Verlag und Druck G. Braun, Karlsruhe 1949.
[2] Schnee, J., Theorie der Gasturbinen. Verlag Technik, Berlin 1952.
[3] Kruschik, J., Die Gasturbine. Springer-Verlag, Wien 1952.
[4] Eckert, B., Axialkompressoren und Radialkompressoren. Springer-Verlag, Berlin/Göttingen/Heidelberg 1953.
[5] Rogner, W., Kenngrößen zur Beurteilung der Wirtschaftlichkeit von Gasturbinen. MTZ 22 (1961) 2, S. 57/64.
[6] Rogner, W., Das Leistungsverhalten von Gasturbinen. Energie 12, (1960) 4, S. 148/155.
[7] Oehmichen, M., Die Durchsatzleistung beim offenen Gasturbinenprozeß. MTZ 18, (1957) 6, S. 177/179.
[8] Oehmichen, M., Entwicklungsstand der Gasturbine. MTZ 19, (1958) 10, S. 355/361.
[9] Oehmichen, M., Über einige Eindrücke vom Gasturbinenbau in den USA. Wiss. Zeitschr. TH Dresden, 9 (1959/60) 5, S. 1173/1187.
[10] CIMAC-Berichte vom Internationalen Verbrennungs-Kraftmaschinen-Kongreß 1959 u. 1962.

Tabellenwerte des effektiven Wirkungsgrades einer einstufigen Gasturbinenanlage

		$\pi = 2$		$\tau_G = 2$		$\beta = 0{,}85$	
η_T	η_V	$\varrho = 0$	0,5	0,6	0,7	0,8	0,9
0,75		—	—	—	—	—	—
0,80		—	—	—	—	—	—
0,85	0,75	—	—	—	—	—	—
0,90		—	—	—	—	—	—
0,95		—	—	—	—	—	—
0,75		—	—	—	—	—	—
0,80		—	—	—	—	—	—
0,85	0,80	—	—	—	—	—	—
0,90		—	—	—	—	—	—
0,95		—	—	—	—	—	—
0,75		—	—	—	—	—	—
0,80		—	—	—	—	—	—
0,85	0,85	—	—	—	—	—	—
0,90		—	—	—	—	—	—
0,95		0,0157	0,0233	0,0258	0,0289	0,0328	0,0379
0,75		—	—	—	—	—	—
0,80		—	—	—	—	—	—
0,85	0,90	—	—	—	—	—	—
0,90		0,0156	0,0235	0,0262	0,0295	0,0338	0,0396
0,95		0,0337	0,0501	0,0556	0,0623	0,0709	0,0823
0,75		—	—	—	—	—	—
0,80		—	—	—	—	—	—
0,85	0,95	0,0136	0,0209	0,0234	0,0266	0,0307	0,0365
0,90		0,0314	0,0476	0,0530	0,0599	0,0688	0,0808
0,95		0,0492	0,0735	0,0816	0,0916	0,1045	0,1216

		$\pi = 2$		$\tau_G = 3$		$\beta = 0{,}85$	
η_T	η_V	$\varrho = 0$	0,5	0,6	0,7	0,8	0,9
0,75		0,0169	0,0288	0,0335	0,0400	0,0498	0,0658
0,80		0,0285	0,0480	0,0556	0,0662	0,0817	0,1066
0,85	0,75	0,0400	0,0668	0,0772	0,0914	0,1119	0,1443
0,90		0,0516	0,0853	0,0982	0,1156	0,1406	0,1794
0,95		0,0631	0,1034	0,1186	0,1390	0,1679	0,2119
0,75		0,0264	0,0451	0,0525	0,0628	0,0782	0,1036
0,80		0,0379	0,0640	0,0742	0,0884	0,1091	0,1428
0,85	0,80	0,0493	0,0825	0,0954	0,1129	0,1385	0,1790
0,90		0,0608	0,1007	0,1159	0,1366	0,1664	0,2127
0,95		0,0722	0,1185	0,1360	0,1595	0,1929	0,2440
0,75		0,0347	0,0592	0,0690	0,0826	0,1030	0,1367
0,80		0,0460	0,0778	0,0904	0,1076	0,1331	0,1745
0,85	0,85	0,0574	0,0961	0,1111	0,1317	0,1617	0,2094
0,90		0,0687	0,1140	0,1314	0,1550	0,1889	0,2419
0,95		0,0801	0,1316	0,1511	0,1774	0,2148	0,2721
0,75		0,0419	0,0716	0,0835	0,1000	0,1248	0,1660
0,80		0,0531	0,0900	0,1045	0,1246	0,1543	0,2025
0,85	0,90	0,0644	0,1080	0,1250	0,1483	0,1822	0,2363
0,90		0,0757	0,1257	0,1450	0,1711	0,2088	0,2677
0,95		0,0869	0,1431	0,1644	0,1931	0,2340	0,2969
0,75		0,0482	0,0826	0,0963	0,1154	0,1442	0,1920
0,80		0,0594	0,1007	0,1170	0,1396	0,1730	0,2274
0,85	0,95	0,0706	0,1186	0,1373	0,1629	0,2004	0,2602
0,90		0,0818	0,1361	0,1570	0,1854	0,2264	0,2907
0,95		0,0930	0,1533	0,1762	0,2071	0,2511	0,3191

		$\pi = 4$		$\tau_G = 3$		$\beta = 0{,}85$	
η_T	η_V	$\varrho = 0$	0,5	0,6	0,7	0,8	0,9
0,75		0,0232	0,0318	0,0344	0,0374	0,0410	0,0454
0,80		0,0536	0,0721	0,0774	0,0836	0,0909	0,0996
0,85	0,75	0,0840	0,1107	0,1182	0,1268	0,1368	0,1485
0,90		0,1143	0,1478	0,1570	0,1674	0,1793	0,1930
0,95		0,1447	0,1835	0,1939	0,2055	0,2186	0,2335
0,75		0,0489	0,0677	0,0734	0,0800	0,0881	0,0979
0,80		0,0785	0,1065	0,1147	0,1242	0,1355	0,1491
0,85	0,80	0,1080	0,1438	0,1539	0,1657	0,1793	0,1955
0,90		0,1376	0,1796	0,1913	0,2045	0,2198	0,2375
0,95		0,1672	0,2141	0,2268	0,2411	0,2573	0,2759
0,75		0,0705	0,0983	0,1067	0,1167	0,1288	0,1437
0,80		0,0994	0,1359	0,1466	0,1593	0,1743	0,1924
0,85	0,85	0,1283	0,1720	0,1846	0,1991	0,2162	0,2365
0,90		0,1572	0,2067	0,2207	0,2366	0,2550	0,2765
0,95		0,1861	0,2402	0,2551	0,2718	0,2910	0,3131
0,75		0,0889	0,1246	0,1356	0,1486	0,1644	0,1840
0,80		0,1171	0,1612	0,1743	0,1897	0,2082	0,2306
0,85	0,90	0,1455	0,1964	0,2111	0,2283	0,2485	0,2727
0,90		0,1738	0,2302	0,2462	0,2645	0,2859	0,3109
0,95		0,2021	0,2628	0,2796	0,2987	0,3205	0,3458
0,75		0,1046	0,1476	0,1608	0,1766	0,1959	0,2199
0,80		0,1325	0,1833	0,1985	0,2165	0,2381	0,2645
0,85	0,95	0,1603	0,2176	0,2344	0,2539	0,2771	0,3048
0,90		0,1881	0,2507	0,2685	0,2891	0,3131	0,3415
0,95		0,2160	0,2825	0,3011	0,3222	0,3466	0,3749

		$\pi = 6$		$\tau_G = 3$		$\beta = 0{,}85$	
η_T	η_V	$\varrho = 0$	0,5	0,6	0,7	0,8	0,9
0,75		—	—	—	—	—	—
0,80		0,0230	0,0265	0,0273	0,0282	0,0291	0,0301
0,85	0,75	0,0692	0,0775	0,0794	0,0815	0,0836	0,0858
0,90		0,1153	0,1260	0,1283	0,1308	0,1333	0,1360
0,95		0,1615	0,1720	0,1743	0,1767	0,1791	0,1816
0,75		0,0207	0,0248	0,0259	0,0270	0,0283	0,0297
0,80		0,0648	0,0760	0,0787	0,0816	0,0847	0,0881
0,85	0,80	0,1089	0,1245	0,1281	0,1320	0,1361	0,1404
0,90		0,1531	0,1706	0,1746	0,1788	0,1832	0,1878
0,95		0,1973	0,2145	0,2184	0,2223	0,2264	0,2307
0,75		0,0563	0,0687	0,0719	0,0754	0,0792	0,0834
0,80		0,0988	0,1175	0,1222	0,1272	0,1327	0,1386
0,85	0,85	0,1413	0,1640	0,1695	0,1753	0,1815	0,1882
0,90		0,1839	0,2082	0,2139	0,2199	0,2263	0,2330
0,95		0,2264	0,2504	0,2558	0,2615	0,2674	0,2736
0,75		0,0858	0,1060	0,1113	0,1171	0,1235	0,1307
0,80		0,1270	0,1530	0,1596	0,1667	0,1745	0,1831
0,85	0,90	0,1682	0,1978	0,2050	0,2128	0,2212	0,2302
0,90		0,2094	0,2404	0,2478	0,2556	0,2639	0,2728
0,95		0,2506	0,2811	0,2881	0,2955	0,3033	0,3114
0,75		0,1106	0,1382	0,1455	0,1535	0,1625	0,1726
0,80		0,1507	0,1837	0,1921	0,2013	0,2114	0,2226
0,85	0,95	0,1908	0,2270	0,2359	0,2456	0,2561	0,2676
0,90		0,2308	0,2682	0,2772	0,2868	0,2971	0,3082
0,95		0,2709	0,3076	0,3162	0,3253	0,3349	0,3450

		$\pi = 8$		$\tau_G = 3$		$\beta = 0{,}85$	
η_T	η_V	$\varrho = 0$	0,5	0,6	0,7	0,8	0,9
0,75		—	—	—	—	—	—
0,80		—	—	—	—	—	—
0,85	0,75	0,0264	0,0257	0,0256	0,0255	0,0253	0,0252
0,90		0,0885	0,0836	0,0827	0,0818	0,0809	0,0801
0,95		0,1504	0,1381	0,1359	0,1337	0,1316	0,1296
0,75		—	—	—	—	—	—
0,80		0,0269	0,0279	0,0281	0,0283	0,0285	0,0287
0,85	0,80	0,0852	0,0856	0,0857	0,0858	0,0858	0,0859
0,90		0,1434	0,1400	0,1393	0,1387	0,1380	0,1374
0,95		0,2016	0,1914	0,1895	0,1876	0,1858	0,1840
0,75		0,0208	0,0227	0,0232	0,0236	0,0241	0,0246
0,80		0,0761	0,0807	0,0817	0,0828	0,0838	0,0849
0,85	0,85	0,1313	0,1354	0,1362	0,1371	0,1380	0,1388
0,90		0,1866	0,1871	0,1871	0,1872	0,1873	0,1874
0,95		0,2419	0,2359	0,2348	0,2336	0,2325	0,2314
0,75		0,0629	0,0701	0,0718	0,0735	0,0753	0,0772
0,80		0,1157	0,1253	0,1275	0,1297	0,1319	0,1343
0,85	0,90	0,1686	0,1776	0,1795	0,1814	0,1834	0,1854
0,90		0,2215	0,2269	0,2281	0,2292	0,2303	0,2315
0,95		0,2744	0,2737	0,2736	0,2734	0,2733	0,2732
0,75		0,0975	0,1105	0,1136	0,1168	0,1202	0,1238
0,80		0,1484	0,1636	0,1670	0,1705	0,1742	0,1781
0,85	0,95	0,1993	0,2137	0,2168	0,2200	0,2233	0,2268
0,90		0,2502	0,2611	0,2634	0,2658	0,2682	0,2706
0,95		0,3011	0,3061	0,3071	0,3082	0,3092	0,3103

		$\pi = 10$		$\tau_G = 3$		$\beta = 0{,}85$	
η_T	η_V	$\varrho = 0$	0,5	0,6	0,7	0,8	0,9
0,75		—	—	—	—	—	—
0,80		—	—	—	—	—	—
0,85	0,75	—	—	—	—	—	—
0,90		0,0393	0,0323	0,0312	0,0301	0,0292	0,0283
0,95		0,1188	0,0946	0,0909	0,0875	0,0843	0,0814
0,75		—	—	—	—	—	—
0,80		—	—	—	—	—	—
0,85	0,80	0,0430	0,0383	0,0375	0,0367	0,0360	0,0353
0,90		0,1161	0,1002	0,0976	0,0951	0,0927	0,0904
0,95		0,1893	0,1584	0,1534	0,1487	0,1442	0,1401
0,75		—	—	—	—	—	—
0,80		0,0378	0,0361	0,0358	0,0355	0,0352	0,0349
0,85	0,85	0,1060	0,0982	0,0967	0,0953	0,0940	0,0926
0,90		0,1743	0,1564	0,1532	0,1502	0,1473	0,1445
0,95		0,2426	0,2112	0,2059	0,2008	0,1960	0,1914
0,75		0,0265	0,0270	0,0271	0,0271	0,0272	0,0273
0,80		0,0910	0,0896	0,0893	0,0890	0,0888	0,0885
0,85	0,90	0,1555	0,1483	0,1470	0,1456	0,1443	0,1431
0,90		0,2200	0,2036	0,2006	0,1977	0,1949	0,1921
0,95		0,2845	0,2556	0,2506	0,2457	0,2410	0,2365
0,75		0,0724	0,0754	0,0760	0,0767	0,0773	0,0779
0,80		0,1338	0,1350	0,1352	0,1354	0,1357	0,1359
0,85	0,95	0,1952	0,1910	0,1902	0,1894	0,1886	0,1878
0,90		0,2567	0,2438	0,2414	0,2390	0,2367	0,2344
0,95		0,3181	0,2936	0,2891	0,2848	0,2806	0,2765

		$\pi = 12$		$\tau_G = 3$		$\beta = 0{,}85$	
η_T	η_V	$\varrho = 0$	0,5	0,6	0,7	0,8	0,9
0,75		—	—	—	—	—	—
0,80		—	—	—	—	—	—
0,85	0,75	—	—	—	—	—	—
0,90		—	—	—	—	—	—
0,95		0,0674	0,0465	0,0438	0,0414	0,0392	0,0373
0,75		—	—	—	—	—	—
0,80		—	—	—	—	—	—
0,85	0,80	—	—	—	—	—	—
0,90		0,0735	0,0562	0,0537	0,0514	0,0493	0,0474
0,95		0,1630	0,1206	0,1147	0,1093	0,1044	0,0999
0,75		—	—	—	—	—	—
0,80		—	—	—	—	—	—
0,85	0,85	0,0682	0,0569	0,0551	0,0534	0,0518	0,0503
0,90		0,1503	0,1213	0,1168	0,1126	0,1087	0,1051
0,95		0,2324	0,1815	0,1739	0,1669	0,1605	0,1545
0,75		—	—	—	—	—	—
0,80		0,0557	0,0501	0,0491	0,0482	0,0473	0,0464
0,85	0,90	0,1321	0,1149	0,1120	0,1092	0,1066	0,1041
0,90		0,2085	0,1755	0,1702	0,1651	0,1603	0,1558
0,95		0,2850	0,2324	0,2241	0,2164	0,2093	0,2025
0,75		0,0383	0,0369	0,0366	0,0363	0,0361	0,0358
0,80		0,1103	0,1025	0,1011	0,0997	0,0984	0,0971
0,85	0,95	0,1822	0,1639	0,1607	0,1576	0,1546	0,1517
0,90		0,2542	0,2215	0,2159	0,2106	0,2056	0,2008
0,95		0,3262	0,2756	0,2673	0,2594	0,2521	0,2451

		$\pi = 14$		$\tau_G = 3$		$\beta = 0{,}85$	
η_T	η_V	$\varrho = 0$	0,5	0,6	0,7	0,8	0,9
0,75		—	—	—	—	—	—
0,80		—	—	—	—	—	—
0,85	0,75	—	—	—	—	—	—
0,90		—	—	—	—	—	—
0,95		—	—	—	—	—	—
0,75		—	—	—	—	—	—
0,80		—	—	—	—	—	—
0,85	0,80	—	—	—	—	—	—
0,90		0,0147	0,0100	0,0094	0,0088	0,0084	0,0079
0,95		0,1233	0,0805	0,0753	0,0707	0,0667	0,0630
0,75		—	—	—	—	—	—
0,80		—	—	—	—	—	—
0,85	0,85	0,0182	0,0137	0,0130	0,0125	0,0119	0,0114
0,90		0,1155	0,0840	0,0796	0,0757	0,0721	0,0689
0,95		0,2130	0,1494	0,1410	0,1335	0,1267	0,1206
0,75		—	—	—	—	—	—
0,80		0,0118	0,0089	0,0086	0,0083	0,0080	0,0078
0,85	0,90	0,1000	0,0795	0,0763	0,0734	0,0708	0,0683
0,90		0,1892	0,1452	0,1387	0,1328	0,1274	0,1224
0,95		0,2785	0,2066	0,1965	0,1873	0,1789	0,1712
0,75		—	—	—	—	—	—
0,80		0,0794	0,0682	0,0663	0,0646	0,0629	0,0613
0,85	0,95	0,1624	0,1347	0,1302	0,1261	0,1222	0,1185
0,90		0,2454	0,1968	0,1893	0,1823	0,1758	0,1698
0,95		0,3284	0,2548	0,2439	0,2339	0,2246	0,2161

		$\pi = 16$		$\tau_G = 3$		$\beta = 0,85$	
η_T	η_V	$\varrho = 0$	0,5	0,6	0,7	0,8	0,9
0,75		—	—	—	—	—	—
0,80		—	—	—	—	—	—
0,85	0,75	—	—	—	—	—	—
0,90		—	—	—	—	—	—
0,95		—	—	—	—	—	—
0,75		—	—	—	—	—	—
0,80		—	—	—	—	—	—
0,85	0,80	—	—	—	—	—	—
0,90		—	—	—	—	—	—
0,95		0,0677	0,0388	0,0357	0,0331	0,0308	0,0289
0,75		—	—	—	—	—	—
0,80		—	—	—	—	—	—
0,85	0,85	—	—	—	—	—	—
0,90		0,0693	0,0452	0,0422	0,0397	0,0374	0,0353
0,95		0,1841	0,1157	0,1077	0,1007	0,0946	0,0892
0,75		—	—	—	—	—	—
0,80		—	—	—	—	—	—
0,85	0,90	0,0588	0,0427	0,0405	0,0385	0,0367	0,0350
0,90		0,1622	0,1134	0,1069	0,1012	0,0961	0,0914
0,95		0,2655	0,1792	0,1682	0,1585	0,1499	0,1422
0,75		—	—	—	—	—	—
0,80		0,0412	0,0327	0,0314	0,0302	0,0291	0,0281
0,85	0,95	0,1360	0,1041	0,0995	0,0952	0,0913	0,0877
0,90		0,2308	0,1705	0,1620	0,1544	0,1474	0,1410
0,95		0,3256	0,2324	0,2199	0,2086	0,1984	0,1891

		$\pi = 2$		$\tau_G = 4$		$\beta = 0,85$	
η_T	η_V	$\varrho = 0$	0,5	0,6	0,7	0,8	0,9
0,75		0,0466	0,0817	0,0962	0,1169	0,1490	0,2056
0,80		0,0560	0,0973	0,1141	0,1381	0,1748	0,2381
0,85	0,75	0,0653	0,1126	0,1317	0,1587	0,1994	0,2683
0,90		0,0747	0,1277	0,1489	0,1786	0,2229	0,2966
0,95		0,0841	0,1426	0,1658	0,1979	0,2454	0,3229
0,75		0,0522	0,0915	0,1077	0,1310	0,1672	0,2309
0,80		0,0615	0,1069	0,1255	0,1519	0,1924	0,2624
0,85	0,80	0,0708	0,1221	0,1429	0,1722	0,2165	0,2917
0,90		0,0801	0,1371	0,1599	0,1918	0,2396	0,3191
0,95		0,0894	0,1518	0,1765	0,2108	0,2616	0,3447
0,75		0,0570	0,100	0,1178	0,1434	0,1831	0,2531
0,80		0,0663	0,1153	0,1354	0,1640	0,2079	0,2838
0,85	0,85	0,0755	0,1304	0,1526	0,1840	0,2316	0,3123
0,90		0,0848	0,1452	0,1695	0,2034	0,2542	0,3389
0,95		0,0940	0,1599	0,1859	0,2221	0,2758	0,3638
0,75		0,0613	0,1076	0,1268	0,1543	0,1971	0,2728
0,80		0,0705	0,1228	0,1442	0,1747	0,2215	0,3027
0,85	0,90	0,0797	0,1377	0,1612	0,1944	0,2448	0,3305
0,90		0,0889	0,1524	0,1779	0,2136	0,2671	0,3565
0,95		0,0981	0,1669	0,1942	0,2321	0,2884	0,3808
0,75		0,0651	0,1143	0,1347	0,1640	0,2096	0,2903
0,80		0,0742	0,1294	0,1520	0,1842	0,2337	0,3195
0,85	0,95	0,0834	0,1442	0,1689	0,2037	0,2566	0,3467
0,90		0,0926	0,1588	0,1854	0,2226	0,2786	0,3721
0,95		0,1017	0,1732	0,2016	0,2410	0,2996	0,3959

		$\pi = 4$		$\tau_G = 4$		$\beta = 0{,}85$	
η_T	η_V	$\varrho = 0$	0,5	0,6	0,7	0,8	0,9
0,75		0,1019	0,1522	0,1689	0,1897	0,2163	0,2516
0,80		0,1245	0,1828	0,2018	0,2251	0,2545	0,2927
0,85	0,75	0,1470	0,2125	0,2333	0,2585	0,2900	0,3300
0,90		0,1696	0,2412	0,2634	0,2902	0,3230	0,3641
0,95		0,1922	0,2690	0,2924	0,3202	0,3538	0,3954
0,75		0,1149	0,1724	0,1915	0,2154	0,2462	0,2871
0,80		0,1372	0,2024	0,2236	0,2498	0,2830	0,3264
0,85	0,80	0,1594	0,2314	0,2543	0,2823	0,3173	0,3620
0,90		0,1817	0,2595	0,2838	0,3131	0,3492	0,3946
0,95		0,2039	0,2867	0,3120	0,3422	0,3789	0,4245
0,75		0,1262	0,1898	0,2111	0,2378	0,2722	0,3182
0,80		0,1481	0,2192	0,2425	0,2713	0,3079	0,3559
0,85	0,85	0,1701	0,2477	0,2726	0,3030	0,3411	0,3901
0,90		0,1920	0,2753	0,3014	0,3330	0,3720	0,4214
0,95		0,2140	0,3020	0,3290	0,3614	0,4009	0,4500
0,75		0,1359	0,2050	0,2282	0,2574	0,2951	0,3457
0,80		0,1576	0,2339	0,2590	0,2901	0,3298	0,3819
0,85	0,90	0,1793	0,2619	0,2885	0,3211	0,3620	0,4149
0,90		0,2010	0,2891	0,3168	0,3505	0,3921	0,4450
0,95		0,2227	0,3153	0,3440	0,3783	0,4202	0,4726
0,75		0,1444	0,2184	0,2433	0,2747	0,3154	0,3701
0,80		0,1659	0,2469	0,2736	0,3068	0,3492	0,4051
0,85	0,95	0,1874	0,2745	0,3026	0,3372	0,3806	0,4370
0,90		0,2089	0,3012	0,3304	0,3659	0,4100	0,4661
0,95		0,2303	0,3271	0,3571	0,3932	0,4374	0,4928

		$\pi = 6$		$\tau_G = 4$		$\beta = 0{,}85$	
η_T	η_V	$\varrho = 0$	0,5	0,6	0,7	0,8	0,9
0,75		0,1143	0,1550	0,1669	0,1808	0,1973	0,2169
0,80		0,1459	0,1938	0,2074	0,2230	0,2413	0,2628
0,85	0,75	0,1775	0,2309	0,2457	0,2625	0,2818	0,3041
0,90		0,2091	0,2665	0,2820	0,2994	0,3191	0,3416
0,95		0,2407	0,3008	0,3166	0,3341	0,3537	0,3758
0,75		0,1337	0,1827	0,1972	0,2141	0,2342	0,2585
0,80		0,1646	0,2203	0,2363	0,2548	0,2764	0,3020
0,85	0,80	0,1955	0,2563	0,2733	0,2928	0,3152	0,3413
0,90		0,2264	0,2910	0,3086	0,3284	0,3510	0,3770
0,95		0,2573	0,3242	0,3420	0,3619	0,3842	0,4094
0,75		0,1501	0,2064	0,2232	0,2429	0,2664	0,2949
0,80		0,1804	0,2430	0,2611	0,2822	0,3069	0,3364
0,85	0,85	0,2107	0,2782	0,2972	0,3190	0,3443	0,3739
0,90		0,2410	0,3119	0,3314	0,3535	0,3788	0,4079
0,95		0,2713	0,3444	0,3640	0,3860	0,4107	0,4389
0,75		0,1642	0,2270	0,2458	0,2680	0,2946	0,3270
0,80		0,1940	0,2628	0,2828	0,3062	0,3337	0,3668
0,85	0,90	0,2238	0,2971	0,3179	0,3419	0,3698	0,4027
0,90		0,2536	0,3301	0,3513	0,3755	0,4032	0,4353
0,95		0,2833	0,3619	0,3831	0,4070	0,4341	0,4650
0,75		0,1764	0,2450	0,2656	0,2901	0,3195	0,3556
0,80		0,2057	0,2800	0,3018	0,3273	0,3575	0,3938
0,85	0,95	0,2351	0,3137	0,3362	0,3621	0,3924	0,4283
0,90		0,2644	0,3461	0,3689	0,3948	0,4248	0,4596
0,95		0,2938	0,3772	0,4000	0,4256	0,4548	0,4882

		$\pi = 8$		$\tau_G = 4$		$\beta = 0{,}85$	
η_T	η_V	$\varrho = 0$	0,5	0,6	0,7	0,8	0,9
0,75		0,1111	0,1402	0,1479	0,1565	0,1662	0,1772
0,80		0,1502	0,1848	0,1938	0,2037	0,2146	0,2267
0,85	0,75	0,1892	0,2274	0,2370	0,2474	0,2588	0,2713
0,90		0,2282	0,2681	0,2778	0,2882	0,2994	0,3116
0,95		0,2673	0,3069	0,3163	0,3263	0,3369	0,3482
0,75		0,1366	0,1742	0,1844	0,1958	0,2087	0,2234
0,80		0,1745	0,2173	0,2285	0,2409	0,2548	0,2703
0,85	0,80	0,2124	0,2584	0,2701	0,2829	0,2969	0,3125
0,90		0,2503	0,2976	0,3093	0,3220	0,3357	0,3506
0,95		0,2882	0,3352	0,3464	0,3585	0,3714	0,3853
0,75		0,1580	0,2033	0,2156	0,2296	0,2455	0,2638
0,80		0,1949	0,2450	0,2583	0,2731	0,2897	0,3084
0,85	0,85	0,2319	0,2848	0,2985	0,3135	0,3301	0,3485
0,90		0,2688	0,3229	0,3364	0,3511	0,3672	0,3848
0,95		0,3057	0,3593	0,3723	0,3864	0,4015	0,4178
0,75		0,1760	0,2283	0,2427	0,2591	0,2778	0,2995
0,80		0,2122	0,2689	0,2841	0,3011	0,3202	0,3420
0,85	0,90	0,2483	0,3076	0,3231	0,3401	0,3591	0,3803
0,90		0,2844	0,3447	0,3599	0,3766	0,3949	0,4150
0,95		0,3206	0,3801	0,3948	0,4107	0,4279	0,4465
0,75		0,1915	0,2501	0,2664	0,2850	0,3063	0,3311
0,80		0,2270	0,2897	0,3066	0,3257	0,3473	0,3719
0,85	0,95	0,2624	0,3275	0,3446	0,3636	0,3848	0,4086
0,90		0,2979	0,3637	0,3805	0,3990	0,4193	0,4418
0,95		0,3333	0,3984	0,4145	0,4321	0,4512	0,4721

		$\pi = 10$		$\tau_G = 4$		$\beta = 0{,}85$	
η_T	η_V	$\varrho = 0$	0,5	0,6	0,7	0,8	0,9
0,75		0,0997	0,1182	0,1227	0,1277	0,1330	0,1388
0,80		0,1454	0,1679	0,1732	0,1789	0,1850	0,1916
0,85	0,75	0,1912	0,2150	0,2205	0,2263	0,2325	0,2389
0,90		0,2369	0,2598	0,2649	0,2703	0,2758	0,2816
0,95		0,2827	0,3024	0,3067	0,3111	0,3156	0,3203
0,75		0,1314	0,1582	0,1649	0,1722	0,1802	0,1889
0,80		0,1755	0,2058	0,2131	0,2210	0,2295	0,2387
0,85	0,80	0,2196	0,2510	0,2584	0,2662	0,2746	0,2834
0,90		0,2637	0,2940	0,3009	0,3082	0,3158	0,3238
0,95		0,3079	0,3350	0,3410	0,3472	0,3536	0,3603
0,75		0,1576	0,1920	0,2008	0,2104	0,2210	0,2327
0,80		0,2004	0,2379	0,2472	0,2572	0,2681	0,2799
0,85	0,85	0,2431	0,2816	0,2908	0,3006	0,3111	0,3224
0,90		0,2859	0,3231	0,3317	0,3408	0,3505	0,3606
0,95		0,3286	0,3626	0,3703	0,3783	0,3867	0,3954
0,75		0,1796	0,2211	0,2318	0,2436	0,2567	0,2713
0,80		0,2212	0,2655	0,2766	0,2887	0,3019	0,3163
0,85	0,90	0,2628	0,3078	0,3187	0,3305	0,3431	0,3567
0,90		0,3044	0,3481	0,3584	0,3693	0,3809	0,3932
0,95		0,3460	0,3865	0,3957	0,4054	0,4156	0,4263
0,75		0,1983	0,2463	0,2589	0,2728	0,2882	0,3056
0,80		0,2389	0,2895	0,3023	0,3163	0,3317	0,3486
0,85	0,95	0,2796	0,3306	0,3432	0,3567	0,3713	0,3872
0,90		0,3202	0,3698	0,3816	0,3942	0,4077	0,4221
0,95		0,3609	0,4072	0,4179	0,4293	0,4412	0,4538

		$\pi = 12$		$\tau_G = 4$		$\beta = 0{,}85$	
η_T	η_V	$\varrho = 0$	0,5	0,6	0,7	0,8	0,9
0,75		0,0828	0,0930	0,0953	0,0978	0,1003	0,1030
0,80		0,1348	0,1471	0,1498	0,1526	0,1556	0,1586
0,85	0,75	0,1869	0,1983	0,2007	0,2032	0,2058	0,2084
0,90		0,2390	0,2467	0,2483	0,2499	0,2516	0,2532
0,95		0,2910	0,2926	0,2929	0,2932	0,2935	0,2938
0,75		0,1210	0,1385	0,1426	0,1470	0,1516	0,1565
0,80		0,1709	0,1901	0,1945	0,1991	0,2039	0,2089
0,85	0,80	0,2207	0,2389	0,2430	0,2471	0,2514	0,2558
0,90		0,2706	0,2852	0,2883	0,2915	0,2948	0,2981
0,95		0,3205	0,3291	0,3309	0,3327	0,3346	0,3364
0,75		0,1522	0,1769	0,1828	0,1891	0,1959	0,2032
0,80		0,2003	0,2264	0,2325	0,2389	0,2457	0,2528
0,85	0,85	0,2483	0,2733	0,2789	0,2848	0,2909	0,2973
0,90		0,2964	0,3178	0,3225	0,3273	0,3322	0,3373
0,95		0,3444	0,3601	0,3634	0,3667	0,3702	0,3736
0,75		0,1781	0,2097	0,2174	0,2257	0,2347	0,2444
0,80		0,2246	0,2575	0,2652	0,2734	0,2822	0,2915
0,85	0,90	0,2712	0,3027	0,3100	0,3175	0,3255	0,3338
0,90		0,3178	0,3457	0,3519	0,3584	0,3650	0,3719
0,95		0,3643	0,3866	0,3914	0,3963	0,4013	0,4065
0,75		0,1999	0,2380	0,2475	0,2577	0,2688	0,2809
0,80		0,2452	0,2843	0,2937	0,3037	0,3144	0,3259
0,85	0,95	0,2905	0,3282	0,3370	0,3462	0,3560	0,3663
0,90		0,3358	0,3699	0,3776	0,3856	0,3940	0,4027
0,95		0,3811	0,4096	0,4158	0,4223	0,4289	0,4357

		$\pi = 14$		$\tau_G = 4$		$\beta = 0{,}85$	
η_T	η_V	$\varrho = 0$	0,5	0,6	0,7	0,8	0,9
0,75		0,0619	0,0661	0,0670	0,0680	0,0689	0,0699
0,80		0,1201	0,1244	0,1253	0,1262	0,1271	0,1280
0,85	0,75	0,1784	0,1793	0,1794	0,1796	0,1798	0,1800
0,90		0,2366	0,2310	0,2300	0,2289	0,2278	0,2268
0,95		0,2949	0,2799	0,2771	0,2744	0,2717	0,2691
0,75		0,1071	0,1170	0,1192	0,1215	0,1239	0,1264
0,80		0,1625	0,1723	0,1744	0,1766	0,1788	0,1810
0,85	0,80	0,2179	0,2244	0,2258	0,2272	0,2286	0,2300
0,90		0,2733	0,2737	0,2738	0,2739	0,2739	0,2740
0,95		0,3287	0,3203	0,3186	0,3170	0,3154	0,3139
0,75		0,1435	0,1597	0,1634	0,1673	0,1714	0,1757
0,80		0,1966	0,2126	0,2161	0,2197	0,2235	0,2274
0,85	0,85	0,2497	0,2624	0,2652	0,2679	0,2708	0,2737
0,90		0,3027	0,3096	0,3110	0,3125	0,3139	0,3153
0,95		0,3558	0,3543	0,3540	0,3537	0,3534	0,3531
0,75		0,1734	0,1961	0,2014	0,2070	0,2129	0,2191
0,80		0,2246	0,2469	0,2519	0,2571	0,2625	0,2682
0,85	0,90	0,2758	0,2949	0,2990	0,3033	0,3076	0,3122
0,90		0,3270	0,3403	0,3431	0,3459	0,3488	0,3518
0,95		0,3782	0,3834	0,3844	0,3855	0,3866	0,3876
0,75		0,1984	0,2274	0,2343	0,2416	0,2493	0,2576
0,80		0,2480	0,2765	0,2829	0,2898	0,2969	0,3044
0,85	0,95	0,2976	0,3228	0,3284	0,3342	0,3402	0,3463
0,90		0,3472	0,3668	0,3710	0,3753	0,3796	0,3841
0,95		0,3969	0,4085	0,4109	0,4134	0,4159	0,4184

		$\pi = 16$		$\tau_G = 4$		$\beta = 0{,}85$	
η_T	η_V	$\varrho = 0$	0,5	0,6	0,7	0,8	0,9
0,75		0,0377	0,0384	0,0385	0,0387	0,0388	0,0389
0,80		0,1020	0,1005	0,1002	0,1000	0,0997	0,0994
0,85	0,75	0,1663	0,1589	0,1575	0,1561	0,1547	0,1534
0,90		0,2306	0,2137	0,2107	0,2077	0,2048	0,2019
0,95		0,2949	0,2654	0,2602	0,2552	0,2504	0,2458
0,75		0,0903	0,0945	0,0954	0,0963	0,0972	0,0982
0,80		0,1510	0,1532	0,1536	0,1541	0,1545	0,1550
0,85	0,80	0,2118	0,2084	0,2077	0,2070	0,2064	0,2057
0,90		0,2725	0,2604	0,2581	0,2558	0,2536	0,2514
0,95		0,3332	0,3094	0,3050	0,3008	0,2967	0,2927
0,75		0,1321	0,1414	0,1434	0,1455	0,1476	0,1498
0,80		0,1900	0,1973	0,1988	0,2003	0,2019	0,2035
0,85	0,85	0,2479	0,2499	0,2503	0,2506	0,2510	0,2514
0,90		0,3058	0,2995	0,2982	0,2970	0,2958	0,2946
0,95		0,3637	0,3464	0,3431	0,3399	0,3367	0,3336
0,75		0,1661	0,1812	0,1845	0,1880	0,1916	0,1953
0,80		0,2217	0,2347	0,2374	0,2403	0,2432	0,2462
0,85	0,90	0,2773	0,2851	0,2867	0,2884	0,2900	0,2917
0,90		0,3329	0,3328	0,3328	0,3327	0,3327	0,3327
0,95		0,3885	0,3779	0,3758	0,3738	0,3717	0,3698
0,75		0,1943	0,2153	0,2200	0,2250	0,2302	0,2356
0,80		0,2480	0,2668	0,2709	0,2752	0,2796	0,2841
0,85	0,95	0,3017	0,3155	0,3184	0,3214	0,3244	0,3275
0,90		0,3554	0,3615	0,3627	0,3640	0,3652	0,3665
0,95		0,4090	0,4050	0,4042	0,4034	0,4026	0,4018

		$\pi = 2$		$\tau_G = 5$		$\beta = 0{,}85$	
η_T	η_V	$\varrho = 0$	0,5	0,6	0,7	0,8	0,9
0,75		0,0583	0,1037	0,1228	0,1507	0,1950	0,2760
0,80		0,0665	0,1174	0,1387	0,1695	0,2177	0,3043
0,85	0,75	0,0747	0,1310	0,1543	0,1877	0,2395	0,3307
0,90		0,0829	0,1444	0,1696	0,2054	0,2603	0,3555
0,95		0,0912	0,1576	0,1845	0,2226	0,2804	0,3787
0,75		0,0621	0,1105	0,1310	0,1607	0,2080	0,2947
0,80		0,0703	0,1242	0,1467	0,1793	0,2304	0,3223
0,85	0,80	0,0784	0,1376	0,1622	0,1973	0,2518	0,3481
0,90		0,0866	0,1509	0,1773	0,2148	0,2724	0,3723
0,95		0,0948	0,1640	0,1921	0,2318	0,2921	0,3949
0,75		0,0654	0,1165	0,1381	0,1695	0,2194	0,3111
0,80		0,0736	0,1301	0,1537	0,1879	0,2415	0,3381
0,85	0,85	0,0817	0,1435	0,1690	0,2057	0,2627	0,3634
0,90		0,0899	0,1567	0,1840	0,2230	0,2830	0,3870
0,95		0,0980	0,1697	0,1988	0,2399	0,3025	0,4092
0,75		0,0684	0,1218	0,1444	0,1772	0,2296	0,3257
0,80		0,0765	0,1353	0,1599	0,1955	0,2514	0,3521
0,85	0,90	0,0846	0,1486	0,1751	0,2131	0,2723	0,3769
0,90		0,0927	0,1617	0,1900	0,2303	0,2923	0,4001
0,95		0,1008	0,1747	0,2046	0,2470	0,3116	0,4218
0,75		0,0710	0,1265	0,1500	0,1842	0,2386	0,3387
0,80		0,0791	0,1399	0,1654	0,2022	0,2602	0,3647
0,85	0,95	0,0872	0,1532	0,1805	0,2198	0,2809	0,3890
0,90		0,0953	0,1662	0,1953	0,2368	0,3007	0,4117
0,95		0,1033	0,1791	0,2099	0,2534	0,3197	0,4331

		$\pi = 4$		$\tau_G = 5$		$\beta = 0{,}85$	
η_T	η_V	$\varrho = 0$	0,5	0,6	0,7	0,8	0,9
0,75		0,1294	0,2011	0,2261	0,2583	0,3011	0,3609
0,80		0,1486	0,2275	0,2545	0,2888	0,3337	0,3953
0,85	0,75	0,1678	0,2531	0,2817	0,3177	0,3642	0,4267
0,90		0,1867	0,2780	0,3080	0,3452	0,3928	0,4555
0,95		0,2061	0,3022	0,3332	0,3714	0,4195	0,4819
0,75		0,1379	0,2147	0,2416	0,2763	0,3225	0,3873
0,80		0,1569	0,2407	0,2695	0,3061	0,3543	0,4204
0,85	0,80	0,1758	0,2659	0,2963	0,3345	0,3840	0,4506
0,90		0,1948	0,2905	0,3221	0,3614	0,4117	0,4783
0,95		0,2138	0,3143	0,3469	0,3871	0,4378	0,5038
0,75		0,1452	0,2266	0,2552	0,2920	0,3413	0,4105
0,80		0,1640	0,2522	0,2826	0,3213	0,3723	0,4425
0,85	0,85	0,1828	0,2771	0,3090	0,3491	0,4012	0,4717
0,90		0,2016	0,3013	0,3344	0,3756	0,4284	0,4984
0,95		0,2204	0,3248	0,3588	0,4008	0,4538	0,5230
0,75		0,1517	0,2370	0,2670	0,3058	0,3578	0,4310
0,80		0,1703	0,2623	0,2941	0,3346	0,3881	0,4620
0,85	0,90	0,1890	0,2869	0,3201	0,3620	0,4165	0,4903
0,90		0,2076	0,3109	0,3452	0,3880	0,4430	0,5162
0,95		0,2263	0,3341	0,3693	0,4128	0,4679	0,5400
0,75		0,1573	0,2462	0,2776	0,3181	0,3725	0,4493
0,80		0,1758	0,2713	0,3043	0,3465	0,4022	0,4794
0,85	0,95	0,1944	0,2956	0,3300	0,3734	0,4300	0,5069
0,90		0,2129	0,3193	0,3548	0,3991	0,4561	0,5320
0,95		0,2314	0,3423	0,3786	0,4235	0,4805	0,5552

		$\pi = 6$		$\tau_G = 5$		$\beta = 0{,}85$	
η_T	η_V	$\varrho = 0$	0,5	0,6	0,7	0,8	0,9
0,75		0,1581	0,2274	0,2493	0,2758	0,3087	0,3504
0,80		0,1841	0,2600	0,2833	0,3113	0,3454	0,3879
0,85	0,75	0,2101	0,2914	0,3158	0,3447	0,3794	0,4219
0,90		0,2361	0,3216	0,3468	0,3761	0,4109	0,4529
0,95		0,2621	0,3509	0,3763	0,4058	0,4403	0,4811
0,75		0,1700	0,2457	0,2696	0,2988	0,3350	0,3813
0,80		0,1957	0,2775	0,3029	0,3333	0,3706	0,4172
0,85	0,80	0,2213	0,3083	0,3346	0,3658	0,4034	0,4497
0,90		0,2469	0,3380	0,3649	0,3964	0,4339	0,4793
0,95		0,2726	0,3666	0,3938	0,4253	0,4623	0,5064
0,75		0,1803	0,2614	0,2873	0,3188	0,3581	0,4084
0,80		0,2056	0,2927	0,3198	0,3525	0,3925	0,4428
0,85	0,85	0,2309	0,3229	0,3509	0,3842	0,4244	0,4741
0,90		0,2562	0,3521	0,3806	0,4141	0,4540	0,5025
0,95		0,2815	0,3803	0,4089	0,4423	0,4816	0,5285
0,75		0,1892	0,2752	0,3027	0,3363	0,3783	0,4323
0,80		0,2142	0,3060	0,3347	0,3693	0,4119	0,4655
0,85	0,90	0,2393	0,3357	0,3652	0,4003	0,4429	0,4956
0,90		0,2643	0,3644	0,3943	0,4296	0,4717	0,5231
0,95		0,2893	0,3922	0,4222	0,4572	0,4986	0,5481
0,75		0,1970	0,2873	0,3163	0,3518	0,3963	0,4536
0,80		0,2218	0,3177	0,3478	0,3841	0,4290	0,4857
0,85	0,95	0,2466	0,3470	0,3778	0,4146	0,4593	0,5148
0,90		0,2713	0,3753	0,4065	0,4433	0,4875	0,5414
0,95		0,2961	0,4027	0,4339	0,4705	0,5137	0,5656

		$\pi = 8$		$\tau_G = 5$		$\beta = 0{,}85$	
η_T	η_V	$\varrho = 0$	0,5	0,6	0,7	0,8	0,9
0,75		0,1717	0,2337	0,2519	0,2732	0,2984	0,3288
0,80		0,2029	0,2705	0,2898	0,3121	0,3381	0,3688
0,85	0,75	0,2342	0,3058	0,3258	0,3485	0,3746	0,4049
0,90		0,2655	0,3397	0,3599	0,3825	0,4082	0,4377
0,95		0,2967	0,3723	0,3923	0,4145	0,4394	0,4675
0,75		0,1867	0,2557	0,2761	0,3001	0,3286	0,3630
0,80		0,2174	0,2916	0,3130	0,3377	0,3667	0,4012
0,85	0,80	0,2481	0,3260	0,3479	0,3729	0,4018	0,4356
0,90		0,2787	0,3591	0,3811	0,4060	0,4343	0,4668
0,95		0,3094	0,3909	0,4127	0,4370	0,4643	0,4953
0,75		0,1995	0,2746	0,2970	0,3233	0,3548	0,3931
0,80		0,2297	0,3097	0,3330	0,3599	0,3917	0,4296
0,85	0,85	0,2598	0,3435	0,3671	0,3942	0,4256	0,4625
0,90		0,2900	0,3759	0,3995	0,4263	0,4570	0,4924
0,95		0,3202	0,4070	0,4303	0,4565	0,4861	0,5197
0,75		0,2105	0,2911	0,3152	0,3437	0,3779	0,4196
0,80		0,2403	0,3255	0,3504	0,3794	0,4136	0,4546
0,85	0,90	0,2700	0,3586	0,3838	0,4128	0,4466	0,4863
0,90		0,2998	0,3904	0,4156	0,4442	0,4770	0,5151
0,95		0,3295	0,4210	0,4458	0,4736	0,5052	0,5413
0,75		0,2201	0,3056	0,3313	0,3617	0,3984	0,4432
0,80		0,2495	0,3394	0,3658	0,3966	0,4331	0,4770
0,85	0,95	0,2789	0,3720	0,3986	0,4293	0,4651	0,5075
0,90		0,3082	0,4032	0,4297	0,4599	0,4947	0,5352
0,95		0,3376	0,4333	0,4594	0,4888	0,5222	0,5605

		$\pi = 10$		$\tau_G = 5$		$\beta = 0{,}85$	
η_T	η_V	$\varrho = 0$	0,5	0,6	0,7	0,8	0,9
0,75		0,1779	0,2317	0,2466	0,2636	0,2831	0,3056
0,80		0,2136	0,2718	0,2875	0,3052	0,3251	0,3478
0,85	0,75	0,2492	0,3102	0,3262	0,3439	0,3636	0,3857
0,90		0,2849	0,3470	0,3627	0,3800	0,3991	0,4201
0,95		0,3206	0,3821	0,3974	0,4139	0,4318	0,4513
0,75		0,1957	0,2569	0,2741	0,2937	0,3163	0,3427
0,80		0,2306	0,2960	0,3138	0,3338	0,3566	0,3828
0,85	0,80	0,2655	0,3333	0,3512	0,3712	0,3936	0,4188
0,90		0,3004	0,3690	0,3867	0,4061	0,4276	0,4515
0,95		0,3353	0,4032	0,4203	0,4388	0,4591	0,4813
0,75		0,2108	0,2786	0,2978	0,3198	0,3453	0,3752
0,80		0,2450	0,3167	0,3364	0,3586	0,3841	0,4134
0,85	0,85	0,2793	0,3531	0,3728	0,3949	0,4197	0,4479
0,90		0,3135	0,3880	0,4073	0,4287	0,4525	0,4791
0,95		0,3477	0,4214	0,4401	0,4605	0,4828	0,5075
0,75		0,2238	0,2974	0,3184	0,3426	0,3707	0,4038
0,80		0,2574	0,3347	0,3561	0,3803	0,4082	0,4405
0,85	0,90	0,2910	0,3703	0,3916	0,4156	0,4427	0,4735
0,90		0,3247	0,4045	0,4254	0,4485	0,4744	0,5034
0,95		0,3583	0,4372	0,4573	0,4794	0,5037	0,5307
0,75		0,2350	0,3139	0,3365	0,3627	0,3932	0,4293
0,80		0,2681	0,3504	0,3734	0,3995	0,4296	0,4645
0,85	0,95	0,3012	0,3854	0,4082	0,4339	0,4630	0,4963
0,90		0,3344	0,4189	0,4412	0,4660	0,4938	0,5251
0,95		0,3675	0,4511	0,4725	0,4962	0,5223	0,5513

$\pi = 12$				$\tau_G = 5$			$\beta = 0,85$
η_T	η_V	$\varrho = 0$	0,5	0,6	0,7	0,8	0,9
0,75		0,1795	0,2252	0,2373	0,2507	0,2658	0,2828
0,80		0,2191	0,2682	0,2808	0,2946	0,3099	0,3269
0,85	0,75	0,2587	0,3092	0,3218	0,3354	0,3502	0,3665
0,90		0,2983	0,3483	0,3604	0,3733	0,3872	0,4022
0,95		0,3379	0,3856	0,3968	0,4087	0,4213	0,4348
0,75		0,2001	0,2535	0,2678	0,2838	0,3018	0,3223
0,80		0,2386	0,2951	0,3098	0,3260	0,3440	0,3641
0,85	0,80	0,2772	0,3348	0,3494	0,3652	0,3826	0,4016
0,90		0,3158	0,3727	0,3867	0,4017	0,4180	0,4356
0,95		0,3543	0,4090	0,4220	0,4358	0,4506	0,4665
0,75		0,2174	0,2777	0,2940	0,3123	0,3331	0,3568
0,80		0,2551	0,3182	0,3347	0,3531	0,3736	0,3967
0,85	0,85	0,2928	0,3568	0,3731	0,3910	0,4107	0,4325
0,90		0,3305	0,3937	0,4094	0,4263	0,4448	0,4649
0,95		0,3682	0,4290	0,4437	0,4594	0,4762	0,4963
0,75		0,2321	0,2986	0,3167	0,3372	0,3606	0,3874
0,80		0,2691	0,3381	0,3564	0,3768	0,3996	0,4254
0,85	0,90	0,3061	0,3758	0,3938	0,4136	0,4354	0,4597
0,90		0,3430	0,4119	0,4291	0,4479	0,4683	0,4907
0,95		0,3800	0,4464	0,4626	0,4799	0,4987	0,5189
0,75		0,2448	0,3169	0,3367	0,3592	0,3848	0,4145
0,80		0,2812	0,3556	0,3754	0,3976	0,4227	0,4510
0,85	0,95	0,3175	0,3925	0,4120	0,4334	0,4573	0,4839
0,90		0,3538	0,4278	0,4465	0,4668	0,4892	0,5137
0,95		0,3902	0,4616	0,4792	0,4981	0,5186	0,5408

$\pi = 14$				$\tau_G = 5$			$\beta = 0,85$
η_T	η_V	$\varrho = 0$	0,5	0,6	0,7	0,8	0,9
0,75		0,1784	0,2166	0,2263	0,2369	0,2485	0,2613
0,80		0,2216	0,2621	0,2721	0,2828	0,2944	0,3071
0,85	0,75	0,2647	0,3054	0,3150	0,3254	0,3364	0,3481
0,90		0,3079	0,3465	0,3555	0,3649	0,3748	0,3852
0,95		0,3510	0,3857	0,3935	0,4016	0,4101	0,4189
0,75		0,2016	0,2476	0,2595	0,2725	0,2869	0,3029
0,80		0,2436	0,2916	0,3036	0,3166	0,3308	0,3463
0,85	0,80	0,2855	0,3334	0,3450	0,3574	0,3708	0,3852
0,90		0,3274	0,3732	0,3840	0,3954	0,4075	0,4203
0,95		0,3693	0,4112	0,4207	0,4307	0,4412	0,4522
0,75		0,2211	0,2741	0,2880	0,3033	0,3203	0,3393
0,80		0,2619	0,3168	0,3306	0,3458	0,3623	0,3806
0,85	0,85	0,3028	0,3574	0,3707	0,3851	0,4007	0,4176
0,90		0,3436	0,3960	0,4085	0,4218	0,4359	0,4511
0,95		0,3845	0,4329	0,4441	0,4559	0,4683	0,4815
0,75		0,2375	0,2970	0,3127	0,3301	0,3496	0,3715
0,80		0,2775	0,3385	0,3541	0,3712	0,3900	0,4108
0,85	0,90	0,3174	0,3781	0,3931	0,4093	0,4270	0,4462
0,90		0,3574	0,4158	0,4298	0,4448	0,4609	0,4782
0,95		0,3974	0,4517	0,4645	0,4779	0,4922	0,5073
0,75		0,2517	0,3170	0,3343	0,2537	0,3754	0,4000
0,80		0,2908	0,3575	0,3747	0,3936	0,4145	0,4378
0,85	0,95	0,3300	0,3961	0,4127	0,4306	0,4502	0,4717
0,90		0,3692	0,4330	0,4485	0,4651	0,4831	0,5024
0,95		0,4084	0,4682	0,4823	0,4973	0,5133	0,5303

		$\pi = 16$		$\tau_G = 5$		$\beta = 0,85$	
η_T	η_V	$\varrho = 0$	0,5	0,6	0,7	0,8	0,9
0,75		0,1751	0,2064	0,2140	0,2222	0,2311	0,2408
0,80		0,2216	0,2542	0,2619	0,2701	0,2788	0,2881
0,85	0,75	0,2680	0,2995	0,3067	0,3142	0,3222	0,3305
0,90		0,3145	0,3425	0,3487	0,3552	0,3619	0,3688
0,95		0,3609	0,3834	0,3883	0,3932	0,3983	0,4035
0,75		0,2010	0,2401	0,2498	0,2603	0,2718	0,2843
0,80		0,2460	0,2861	0,2958	0,3061	0,3172	0,3291
0,85	0,80	0,2909	0,3298	0,3388	0,3484	0,3585	0,3692
0,90		0,3359	0,3713	0,3793	0,3876	0,3963	0,4055
0,95		0,3808	0,4108	0,4173	0,4241	0,4311	0,4383
0,75		0,2225	0,2688	0,2804	0,2931	0,3071	0,3224
0,80		0,2662	0,3133	0,3248	0,3371	0,3505	0,3649
0,85	0,85	0,3099	0,3556	0,3664	0,3779	0,3901	0,4031
0,90		0,3536	0,3958	0,4055	0,4157	0,4263	0,4376
0,95		0,3973	0,4341	0,4423	0,4508	0,4597	0,4688
0,75		0,2406	0,2935	0,3090	0,3217	0,3380	0,3560
0,80		0,2833	0,3367	0,3499	0,3642	0,3797	0,3966
0,85	0,90	0,3259	0,3779	0,3903	0,4036	0,4178	0,4330
0,90		0,3686	0,4170	0,4282	0,4401	0,4527	0,4659
0,95		0,4113	0,4543	0,4640	0,4741	0,4847	0,4958
0,75		0,2561	0,3150	0,3301	0,3468	0,3653	0,3859
0,80		0,2979	0,3571	0,3719	0,3880	0,4055	0,4247
0,85	0,95	0,3396	0,3973	0,4112	0,4262	0,4423	0,4596
0,90		0,3814	0,4355	0,4482	0,4616	0,4759	0,4912
0,95		0,4232	0,4719	0,4830	0,4947	0,5069	0,5198

		$\pi = 2$		$\tau_G = 2$		$\beta = 0,90$	
η_T	η_V	$\varrho = 2$	0,5	0,6	0,7	0,8	0,9
0,75		—	—	—	—	—	—
0,80		—	—	—	—	—	—
0,85	0,75	—	—	—	—	—	—
0,90		—	—	—	—	—	—
0,95		0,062	0,0088	0,0096	0,0106	0,0118	0,0133
0,75		—	—	—	—	—	—
0,80		—	—	—	—	—	—
0,85	0,80	—	—	—	—	—	—
0,90		0,0095	0,0139	0,0153	0,0170	0,0191	0,0219
0,95		0,0302	0,0434	0,0475	0,0525	0,0587	0,0666
0,75		—	—	—	—	—	—
0,80		—	—	—	—	—	—
0,85	0,85	0,0100	0,0148	0,0164	0,0184	0,0210	0,0243
0,90		0,0302	0,0443	0,0489	0,0544	0,0615	0,0706
0,95		0,0505	0,0729	0,0800	0,0887	0,0994	0,1130
0,75		—	—	—	—	—	—
0,80		0,0082	0,0124	0,0138	0,0156	0,0179	0,0210
0,85	0,90	0,0280	0,0419	0,0465	0,0522	0,0596	0,0693
0,90		0,0479	0,0706	0,0779	0,0870	0,0985	0,1134
0,95		0,0678	0,0984	0,1081	0,1200	0,1349	0,1540
0,75		0,0045	0,0070	0,0078	0,0089	0,0103	0,0123
0,80		0,0241	0,0367	0,0409	0,0463	0,0534	0,0630
0,85	0,95	0,0436	0,0655	0,0728	0,0819	0,0936	0,1092
0,90		0,0632	0,0935	0,1033	0,1156	0,1311	0,1515
0,95		0,0828	0,1206	0,1328	0,1477	0,1663	0,1904

$\pi = 4$		$\tau_G = 2$				$\beta = 0{,}90$	
η_T	η_V	$\varrho = 0$	0,5	0,6	0,7	0,8	0,9
0,75		—	—	—	—	—	—
0,80		—	—	—	—	—	—
0,85	0,75	—	—	—	—	—	—
0,90		—	—	—	—	—	—
0,95		—	—	—	—	—	—
0,75		—	—	—	—	—	—
0,80		—	—	—	—	—	—
0,85	0,80	—	—	—	—	—	—
0,90		—	—	—	—	—	—
0,95		—	—	—	—	—	—
0,75		—	—	—	—	—	—
0,80		—	—	—	—	—	—
0,85	0,85	—	—	—	—	—	—
0,90		—	—	—	—	—	—
0,95		0,0361	0,0314	0,0306	0,0291	0,0291	0,0284
0,75		—	—	—	—	—	—
0,80		—	—	—	—	—	—
0,85	0,90	—	—	—	—	—	—
0,90		0,0354	0,0329	0,0324	0,0320	0,0315	0,0311
0,95		0,0996	0,0898	0,0880	0,0864	0,0848	0,0832
0,75		—	—	—	—	—	—
0,80		—	—	—	—	—	—
0,85	0,95	0,0285	0,0281	0,0280	0,0279	0,0279	0,0278
0,90		0,0891	0,0852	0,0845	0,0838	0,0831	0,0824
0,95		0,1496	0,1391	0,1372	0,1353	0,1335	0,1317

$\pi = 6$		$\tau_G = 2$				$\beta = 0{,}90$	
η_T	η_V	$\varrho = 0$	0,5	0,6	0,7	0,8	0,9
0,75		—	—	—	—	—	—
0,80		—	—	—	—	—	—
0,85	0,75	—	—	—	—	—	—
0,90		—	—	—	—	—	—
0,95		—	—	—	—	—	—
0,75		—	—	—	—	—	—
0,80		—	—	—	—	—	—
0,85	0,80	—	—	—	—	—	—
0,90		—	—	—	—	—	—
0,95		—	—	—	—	—	
0,75		—	—	—	—	—	—
0,80		—	—	—	—	—	—
0,85	0,85	—	—	—	—	—	—
0,90		—	—	—	—	—	—
0,95		—	—	—	—	—	—
0,75		—	—	—	—	—	—
0,80		—	—	—	—	—	—
0,85	0,90	—	—	—	—	—	—
0,90		—	—	—	—	—	—
0,95		—	—	—	—	—	
0,75		—	—	—	—	—	—
0,80		—	—	—	—	—	—
0,85	0,95	—	—	—	—	—	—
0,90		—	—	—	—	—	—
0,95		0,0931	0,0564	0,0523	0,0487	0,0456	0,0429

		$\pi = 2$		$\tau_G = 3$		$\beta = 0{,}90$	
η_T	η_V	$\varrho = 0$	0,5	0,6	0,7	0,8	0,9
0,75		0,0342	0,0574	0,0664	0,0788	0,0969	0,1257
0,80		0,0469	0,0779	0,0898	0,1059	0,1292	0,1655
0,85	0,75	0,0596	0,0980	0,1125	0,1320	0,1598	0,2023
0,90		0,0723	0,1176	0,1345	0,1571	0,1887	0,2363
0,95		0,0850	0,1369	0,1560	0,1812	0,2162	0,2678
0,75		0,0435	0,0732	0,0848	0,1007	0,1239	0,1611
0,80		0,0561	0,0934	0,1077	0,1272	0,1553	0,1994
0,85	0,80	0,0687	0,1131	0,1300	0,1527	0,1850	0,2347
0,90		0,0813	0,1325	0,1516	0,1772	0,2131	0,2674
0,95		0,0939	0,1515	0,1727	0,2008	0,2398	0,2977
0,75		0,0517	0,0870	0,1007	0,1197	0,1475	0,1922
0,80		0,0641	0,1068	0,1233	0,1457	0,1781	0,2291
0,85	0,85	0,0766	0,1263	0,1452	0,1707	0,2071	0,2631
0,90		0,0891	0,1454	0,1665	0,1947	0,2345	0,2947
0,95		0,1015	0,1641	0,1872	0,2179	0,2605	0,3239
0,75		0,0587	0,0990	0,1147	0,1365	0,1683	0,2196
0,80		0,0711	0,1186	0,1370	0,1620	0,1982	0,2553
0,85	0,90	0,0835	0,1379	0,1586	0,1865	0,2265	0,2883
0,90		0,0959	0,1567	0,1796	0,2102	0,2533	0,3188
0,95		0,1082	0,1752	0,2000	0,2329	0,2787	0,3471
0,75		0,0650	0,1096	0,1271	0,1513	0,1868	0,2440
0,80		0,0773	0,1291	0,1491	0,1764	0,2161	0,2787
0,85	0,95	0,0896	0,1481	0,1704	0,2006	0,2438	0,3107
0,90		0,1018	0,1668	0,1911	0,2238	0,2700	0,3403
0,95		0,1141	0,1850	0,2113	0,2462	0,2949	0,3678

		$\pi = 4$		$\tau_G = 3$		$\beta = 0{,}90$	
η_T	η_V	$\varrho = 0$	0,5	0,6	0,7	0,8	0,9
0,75		0,0411	0,0558	0,0601	0,0651	0,0710	0,0781
0,80		0,0727	0,0966	0,1033	0,1112	0,1202	0,1310
0,85	0,75	0,1043	0,1357	0,1444	0,1543	0,1656	0,1787
0,90		0,1359	0,1732	0,1833	0,1946	0,2074	0,2221
0,95		0,1675	0,2093	0,2203	0,2325	0,2462	0,2616
0,75		0,0664	0,0908	0,0980	0,1065	0,1165	0,1287
0,80		0,0971	0,1301	0,1396	0,1506	0,1635	0,1788
0,85	0,80	0,1278	0,1679	0,1791	0,1920	0,2068	0,2241
0,90		0,1586	0,2042	0,2166	0,2307	0,2467	0,2651
0,95		0,1894	0,2390	0,2523	0,2670	0,2837	0,3025
0,75		0,0876	0,1206	0,1305	0,1422	0,1561	0,1730
0,80		0,1176	0,1588	0,1707	0,1847	0,2011	0,2207
0,85	0,85	0,1476	0,1954	0,2089	0,2245	0,2425	0,2637
0,90		0,1777	0,2306	0,2452	0,2618	0,2808	0,3027
0,95		0,2077	0,2644	0,2797	0,2969	0,3163	0,3384
0,75		0,1055	0,1464	0,1587	0,1732	0,1907	0,2121
0,80		0,1350	0,1835	0,1977	0,2143	0,2340	0,2576
0,85	0,90	0,1644	0,2191	0,2348	0,2528	0,2738	0,2987
0,90		0,1939	0,2534	0,2700	0,2889	0,3107	0,3360
0,95		0,2233	0,2864	0,3036	0,3229	0,3448	0,3700
0,75		0,1211	0,1688	0,1833	0,2005	0,2212	0,2468
0,80		0,1500	0,2051	0,2213	0,2404	0,2630	0,2903
0,85	0,95	0,1789	0,2399	0,2574	0,2777	0,3015	0,3297
0,90		0,2079	0,2734	0,2917	0,3128	0,3371	0,3655
0,95		0,2368	0,3056	0,3244	0,3458	0,3701	0,3981

		$\pi = 6$		$\tau_G = 3$		$\beta = 0,90$	
η_T	η_V	$\varrho = 0$	0,5	0,6	0,7	0,8	0,9
0,75		—	—	—	—	—	—
0,80		0,0436	0,0496	0,0510	0,0525	0,0540	0,0557
0,85	0,75	0,0911	0,1008	0,1030	0,1053	0,1077	0,1102
0,90		0,1385	0,1494	0,1518	0,1542	0,1568	0,1594
0,95		0,1859	0,1956	0,1976	0,1997	0,2018	0,2040
0,75		0,0391	0,0466	0,0484	0,0504	0,0525	0,0549
0,80		0,0845	0,0979	0,1011	0,1045	0,1082	0,1121
0,85	0,80	0,1299	0,1466	0,1505	0,1546	0,1589	0,1635
0,90		0,1753	0,1929	0,1969	0,2010	0,2053	0,2098
0,95		0,2207	0,2370	0,2405	0,2442	0,2479	0,2518
0,75		0,0741	0,0895	0,0933	0,0976	0,1021	0,1072
0,80		0,1178	0,1386	0,1436	0,1491	0,1550	0,1614
0,85	0,85	0,1615	0,1853	0,1909	0,1968	0,2032	0,2100
0,90		0,2052	0,2297	0,2353	0,2412	0,2473	0,2538
0,95		0,2490	0,2719	0,2771	0,2824	0,2879	0,2936
0,75		0,1030	0,1260	0,1319	0,1383	0,1454	0,1533
0,80		0,1453	0,1733	0,1802	0,1877	0,1959	0,2048
0,85	0,90	0,1877	0,2183	0,2256	0,2335	0,2419	0,2510
0,90		0,1300	0,2611	0,2683	0,2760	0,2841	0,2927
0,95		0,2724	0,3019	0,3086	0,3155	0,3229	0,3305
0,75		0,1274	0,1575	0,1653	0,1739	0,1835	0,1942
0,80		0,1686	0,2032	0,2120	0,2215	0,2318	0,2433
0,85	0,95	0,2098	0,2468	0,2558	0,2655	0,2760	0,2873
0,90		0,2510	0,2882	0,2971	0,3064	0,3164	0,3271
0,95		0,2921	0,3278	0,3360	0,3446	0,3537	0,3632

		$\pi = 8$		$\tau_G = 3$		$\beta = 0,90$	
η_T	η_V	$\varrho = 0$	0,5	0,6	0,7	0,8	0,9
0,75		—	—	—	—	—	—
0,80		—	—	—	—	—	—
0,85	0,75	0,0504	0,0485	0,0481	0,0478	0,0474	0,0471
0,90		0,1138	0,1063	0,1049	0,1035	0,1022	0,1009
0,95		0,1772	0,1607	0,1578	0,1550	0,1522	0,1496
0,75		—	—	—	—	—	—
0,80		0,0481	0,0493	0,0495	0,0497	0,0500	0,0502
0,85	0,80	0,1076	0,1069	0,1068	0,1067	0,1065	0,1064
0,90		0,1672	0,1614	0,1602	0,1591	0,1581	0,1570
0,95		0,2268	0,2127	0,2101	0,2076	0,2051	0,2027
0,75		0,0396	0,0429	0,0436	0,0444	0,0451	0,0459
0,80		0,0962	0,1009	0,1020	0,1030	0,1041	0,1052
0,85	0,85	0,1527	0,1557	0,1563	0,1569	0,1576	0,1582
0,90		0,2092	0,2074	0,2070	0,2067	0,2063	0,2059
0,95		0,2657	0,2562	0,2544	0,2526	0,2509	0,2491
0,75		0,0809	0,0893	0,0912	0,0932	0,0953	0,0974
0,80		0,1349	0,1447	0,1468	0,1490	0,1512	0,1535
0,85	0,90	0,1890	0,1969	0,1986	0,2003	0,2020	0,2038
0,90		0,2431	0,2464	0,2470	0,2477	0,2484	0,2490
0,95		0,2972	0,2931	0,2923	0,2915	0,2908	0,2900
0,75		0,1148	0,1290	0,1322	0,1356	0,1392	0,1430
0,80		0,1669	0,1821	0,1855	0,1890	0,1926	0,1964
0,85	0,95	0,2190	0,2323	0,2352	0,2381	0,2411	0,2442
0,90		0,2710	0,2798	0,2816	0,2835	0,2854	0,2873
0,95		0,3231	0,3248	0,3252	0,3255	0,3259	0,3263

		$\pi = 10$		$\tau_G = 3$		$\beta = 0,90$	
η_T	η_V	$\varrho = 0$	0,5	0,6	0,7	0,8	0,9
0,75		—	—	—	—	—	—
0,80		—	—	—	—	—	—
0,85	0,75	—	—	—	—	—	—
0,90		0,0675	0,0548	0,0529	0,0510	0,0493	0,0477
0,95		0,1486	0,1169	0,1121	0,1077	0,1036	0,0999
0,75		—	—	—	—	—	—
0,80		—	—	—	—	—	—
0,85	0,80	0,0675	0,0595	0,0581	0,0568	0,0556	0,0544
0,90		0,1420	0,1212	0,1178	0,1145	0,1115	0,1085
0,95		0,2166	0,1792	0,1732	0,1676	0,1624	0,1575
0,75		—	—	—	—	—	—
0,80		0,0593	0,0561	0,0555	0,0549	0,0543	0,0538
0,85	0,85	0,1289	0,1180	0,1161	0,1142	0,1123	0,1106
0,90		0,1985	0,1762	0,1723	0,1686	0,1650	0,1616
0,95		0,2682	0,2309	0,2246	0,2187	0,2131	0,2077
0,75		0,0456	0,0459	0,0459	0,0460	0,0461	0,0461
0,80		0,1113	0,1085	0,1079	0,1074	0,1068	0,1063
0,85	0,90	0,1770	0,1672	0,1653	0,1635	0,1618	0,1601
0,90		0,2428	0,2224	0,2187	0,2151	0,2117	0,2084
0,95		0,3086	0,2744	0,2684	0,2627	0,2572	0,2520
0,75		0,0906	0,0934	0,0940	0,0946	0,0952	0,0958
0,80		0,1532	0,1530	0,1530	0,1529	0,1529	0,1529
0,85	0,95	0,2158	0,2090	0,2077	0,2064	0,2052	0,2039
0,90		0,2784	0,2618	0,2587	0,2556	0,2527	0,2498
0,95		0,3411	0,3115	0,3062	0,3010	0,2960	0,2912

		$\pi = 12$		$\tau_G = 3$		$\beta = 0,90$	
η_T	η_V	$\varrho = 0$	0,5	0,6	0,7	0,8	0,9
0,75		—	—	—	—	—	—
0,80		—	—	—	—	—	—
0,85	0,75	—	—	—	—	—	—
0,90		—	—	—	—	—	—
0,95		0,1008	0,0688	0,0647	0,0611	0,0578	0,0549
0,75		—	—	—	—	—	—
0,80		—	—	—	—	—	—
0,85	0,80	0,0107	0,0084	0,0081	0,0078	0,0075	0,0072
0,90		0,1019	0,0772	0,0736	0,0704	0,0674	0,0646
0,95		0,1930	0,1413	0,1341	0,1276	0,1217	0,1163
0,75		—	—	—	—	—	—
0,80		0,0093	0,0079	0,0077	0,0075	0,0073	0,0071
0,85	0,85	0,0928	0,0767	0,0741	0,0717	0,0695	0,0673
0,90		0,1763	0,1408	0,1354	0,1303	0,1257	0,1213
0,95		0,2599	0,2009	0,1921	0,1841	0,1768	0,1700
0,75		—	—	—	—	—	—
0,80		0,0773	0,0689	0,0674	0,0660	0,0646	0,0634
0,85	0,90	0,1550	0,1335	0,1299	0,1265	0,1232	0,1202
0,90		0,2328	0,1940	0,1877	0,1819	0,1764	0,1712
0,95		0,3106	0,2507	0,2414	0,2327	0,2247	0,2172
0,75		0,0574	0,0547	0,0542	0,0537	0,0532	0,0527
0,80		0,1306	0,1202	0,1184	0,1166	0,1148	0,1131
0,85	0,95	0,2038	0,1816	0,1777	0,1740	0,1704	0,1670
0,90		0,2771	0,2390	0,2326	0,2266	0,2208	0,2154
0,95		0,3503	0,2930	0,2837	0,2749	0,2667	0,2590

		$\pi = 14$		$\tau_G = 3$		$\beta = 0{,}90$	
η_T	η_V	$\varrho = 0$	0,5	0,6	0,7	0,8	0,9
0,75	0,75	—	—	—	—	—	—
0,80		—	—	—	—	—	—
0,85		—	—	—	—	—	—
0,90		—	—	—	—	—	—
0,95		0,0314	0,0184	0,0170	0,0158	0,0148	0,0139
0,75	0,80	—	—	—	—	—	—
0,80		—	—	—	—	—	—
0,85		—	—	—	—	—	—
0,90		0,0463	0,0310	0,0291	0,0274	0,0259	0,0245
0,95		0,1566	0,1011	0,0945	0,0886	0,0835	0,0789
0,75	0,85	—	—	—	—	—	—
0,80		—	—	—	—	—	—
0,85		0,0449	0,0335	0,0319	0,0304	0,0291	0,0278
0,90		0,1439	0,1034	0,0980	0,0930	0,0885	0,0845
0,95		0,2439	0,1686	0,1589	0,1502	0,1425	0,1355
0,75	0,90	—	—	—	—	—	—
0,80		0,0338	0,0276	0,0266	0,0257	0,0249	0,0241
0,85		0,1245	0,0980	0,0940	0,0903	0,0869	0,0837
0,90		0,2152	0,1635	0,1560	0,1491	0,1429	0,1371
0,95		0,3059	0,2246	0,2133	0,2031	0,1938	0,1853
0,75	0,95	0,0165	0,0146	0,0142	0,0139	0,0136	0,0133
0,80		0,1008	0,0858	0,0834	0,0810	0,0788	0,0767
0,85		0,1852	0,1521	0,1469	0,1420	0,1374	0,1331
0,90		0,2695	0,2140	0,2056	0,1978	0,1905	0,1838
0,95		0,3539	0,2719	0,2599	0,2489	0,2387	0,2294

		$\pi = 16$		$\tau_G = 3$		$\beta = 0{,}90$	
η_T	η_V	$\varrho = 0$	0,5	0,6	0,7	0,8	0,9
0,75	0,75	—	—	—	—	—	—
0,80		—	—	—	—	—	—
0,85		—	—	—	—	—	—
0,90		—	—	—	—	—	—
0,95		—	—	—	—	—	—
0,75	0,80	—	—	—	—	—	—
0,80		—	—	—	—	—	—
0,85		—	—	—	—	—	—
0,90		—	—	—	—	—	—
0,95		0,1052	0,0596	0,0548	0,0508	0,0473	0,0442
0,75	0,85	—	—	—	—	—	—
0,80		—	—	—	—	—	—
0,85		—	—	—	—	—	—
0,90		0,1003	0,0647	0,0605	0,0567	0,0534	0,0504
0,95		0,2169	0,1349	0,1254	0,1172	0,1099	0,1036
0,75	0,90	—	—	—	—	—	—
0,80		—	—	—	—	—	—
0,85		0,0852	0,0613	0,0580	0,0551	0,0524	0,0500
0,90		0,1901	0,1315	0,1240	0,1172	0,1111	0,1056
0,95		0,2950	0,1971	0,1848	0,1740	0,1644	0,1558
0,75	0,95	—	—	—	—	—	—
0,80		0,0640	0,0504	0,0483	0,0464	0,0447	0,0431
0,85		0,1601	0,1215	0,1159	0,1108	0,1061	0,1018
0,90		0,2564	0,1877	0,1781	0,1695	0,1617	0,1545
0,95		0,3526	0,2493	0,2355	0,2232	0,2121	0,2020

		$\pi = 2$		$\tau_G = 4$		$\beta = 0{,}90$	
η_T	η_V	$\varrho = 0$	0,5	0,6	0,7	0,8	0,9
0,75		0,0607	0,1050	0,1231	0,1485	0,1874	0,2536
0,80		0,0710	0,1218	0,1422	0,1708	0,2137	0,2856
0,85	0,75	0,0813	0,1383	0,1608	0,1922	0,2389	0,3153
0,90		0,0916	0,1544	0,1790	0,2130	0,2628	0,3430
0,95		0,1018	0,1703	0,1968	0,2330	0,2856	0,3688
0,75		0,0662	0,1146	0,1343	0,1622	0,2047	0,2775
0,80		0,0764	0,1312	0,1532	0,1841	0,2306	0,3085
0,85	0,80	0,0866	0,1475	0,1716	0,2052	0,2552	0,3373
0,90		0,0969	0,1635	0,1896	0,2257	0,2787	0,3642
0,95		0,1071	0,1793	0,2072	0,2455	0,3010	0,3892
0,75		0,0709	0,1230	0,1442	0,1742	0,2200	0,2984
0,80		0,0811	0,1394	0,1629	0,1958	0,2454	0,3286
0,85	0,85	0,0913	0,1556	0,1811	0,2166	0,2695	0,3567
0,90		0,1014	0,1714	0,1989	0,2368	0,2926	0,3828
0,95		0,1116	0,1870	0,2163	0,2563	0,3146	0,4071
0,75		0,0751	0,1303	0,1528	0,1847	0,2334	0,3169
0,80		0,0853	0,1466	0,1714	0,2061	0,2584	0,3464
0,85	0,90	0,0954	0,1627	0,1894	0,2267	0,2822	0,3738
0,90		0,1055	0,1784	0,2071	0,2466	0,3049	0,3992
0,95		0,1156	0,1939	0,2243	0,2659	0,3266	0,4230
0,75		0,0789	0,1369	0,1605	0,1941	0,2454	0,3335
0,80		0,0890	0,1531	0,1789	0,2152	0,2700	0,3623
0,85	0,95	0,0991	0,1690	0,1968	0,2356	0,2935	0,3890
0,90		0,1091	0,1846	0,2143	0,2554	0,3159	0,4139
0,95		0,1192	0,2000	0,2314	0,2745	0,3372	0,4371

		$\pi = 4$		$\tau_G = 4$		$\beta = 0{,}90$	
η_T	η_V	$\varrho = 0$	0,5	0,6	0,7	0,8	0,9
0,75		0,1154	0,1706	0,1887	0,2111	0,2394	0,2766
0,80		0,1388	0,2018	0,2220	0,2466	0,2774	0,3169
0,85	0,75	0,1623	0,2320	0,2538	0,2801	0,3125	0,3534
0,90		0,1858	0,2612	0,2843	0,3118	0,3453	0,3868
0,95		0,2093	0,2894	0,3134	0,3418	0,3758	0,4173
0,75		0,1282	0,1904	0,2108	0,2362	0,2685	0,3110
0,80		0,1514	0,2209	0,2433	0,2707	0,3051	0,3495
0,85	0,80	0,1745	0,2505	0,2744	0,3033	0,3391	0,3844
0,90		0,1976	0,2790	0,3041	0,3341	0,3707	0,4163
0,95		0,2207	0,3067	0,3326	0,3633	0,4002	0,4455
0,75		0,1393	0,2075	0,2300	0,2580	0,2938	0,3411
0,80		0,1621	0,2374	0,2618	0,2917	0,3293	0,3780
0,85	0,85	0,1849	0,2664	0,2922	0,3235	0,3622	0,4116
0,90		0,2078	0,2945	0,3213	0,3535	0,3929	0,4422
0,95		0,2306	0,3216	0,3492	0,3820	0,4215	0,4702
0,75		0,1488	0,2224	0,2468	0,2772	0,3161	0,3678
0,80		0,1714	0,2519	0,2779	0,3101	0,3506	0,4033
0,85	0,90	0,1940	0,2804	0,3078	0,3411	0,3826	0,4356
0,90		0,2165	0,3080	0,3364	0,3705	0,4125	0,4650
0,95		0,2391	0,3347	0,3638	0,3984	0,4403	0,4920
0,75		0,1572	0,2355	0,2616	0,2941	0,3358	0,3914
0,80		0,1796	0,2645	0,2922	0,3263	0,3695	0,4258
0,85	0,95	0,2019	0,2926	0,3216	0,3568	0,4007	0,4569
0,90		0,2242	0,3199	0,3497	0,3856	0,4298	0,4854
0,95		0,2466	0,3462	0,3766	0,4129	0,4570	0,5115

		$\pi = 6$		$\tau_G = 4$		$\beta = 0{,}90$	
η_T	η_V	$\varrho = 0$	0,5	0,6	0,7	0,8	0,9
0,75	0,75	0,1277	0,1717	0,1844	0,1991	0,2164	0,2370
0,80		0,1602	0,2108	0,2250	0,2412	0,2600	0,2820
0,85		0,1927	0,2482	0,2634	0,2806	0,3001	0,3226
0,90		0,2252	0,2841	0,2998	0,3174	0,3371	0,3594
0,95		0,2577	0,3186	0,3344	0,3519	0,3713	0,3929
0,75	0,80	0,1468	0,1988	0,2140	0,2317	0,2526	0,2775
0,80		0,1786	0,2368	0,2533	0,2723	0,2943	0,3203
0,85		0,2104	0,2732	0,2905	0,3102	0,3328	0,3589
0,90		0,2421	0,3081	0,3258	0,3457	0,3682	0,3939
0,95		0,2739	0,3416	0,3593	0,3791	0,4010	0,4258
0,75	0,85	0,1630	0,2221	0,2395	0,2599	0,2840	0,3130
0,80		0,1941	0,2591	0,2777	0,2992	0,3242	0,3538
0,85		0,2253	0,2946	0,3139	0,3359	0,3612	0,3907
0,90		0,2565	0,3286	0,3482	0,3703	0,3954	0,4241
0,95		0,2876	0,3613	0,3808	0,4026	0,4270	0,4545
0,75	0,90	0,1768	0,2423	0,2617	0,2845	0,3116	0,3444
0,80		0,2075	0,2785	0,2989	0,3226	0,3504	0,3835
0,85		0,2381	0,3131	0,3342	0,3583	0,3862	0,4187
0,90		0,2687	0,3465	0,3677	0,3918	0,4192	0,4507
0,95		0,2994	0,3785	0,3996	0,4232	0,4498	0,4799
0,75	0,95	0,1889	0,2600	0,2812	0,3062	0,3360	0,3723
0,80		0,2190	0,2954	0,3176	0,3433	0,3736	0,4098
0,85		0,2492	0,3294	0,3521	0,3781	0,4083	0,4437
0,90		0,2794	0,3621	0,3849	0,4107	0,4403	0,4745
0,95		0,3095	0,3935	0,4161	0,4414	0,4700	0,5026

		$\pi = 8$		$\tau_G = 4$		$\beta = 0{,}90$	
η_T	η_V	$\varrho = 0$	0,5	0,6	0,7	0,8	0,9
0,75	0,75	0,1246	0,1559	0,1641	0,1733	0,1835	0,1950
0,80		0,1646	0,2008	0,2101	0,2202	0,2314	0,2438
0,85		0,2045	0,2436	0,2533	0,2638	0,2752	0,2876
0,90		0,2445	0,2844	0,2941	0,3043	0,3154	0,3272
0,95		0,2844	0,3234	0,3325	0,3422	0,3524	0,3632
0,75	0,80	0,1498	0,1894	0,2000	0,2118	0,2251	0,2402
0,80		0,1886	0,2327	0,2442	0,2568	0,2708	0,2864
0,85		0,2273	0,2740	0,2858	0,2986	0,3126	0,3279
0,90		0,2661	0,3134	0,3250	0,3375	0,3509	0,3655
0,95		0,3049	0,3511	0,3621	0,3738	0,3862	0,3996
0,75	0,85	0,1708	0,2180	0,2307	0,2450	0,2613	0,2798
0,80		0,2086	0,2599	0,2734	0,2883	0,3050	0,3237
0,85		0,2464	0,3000	0,3136	0,3286	0,3450	0,3632
0,90		0,2842	0,3382	0,3516	0,3661	0,3818	0,3989
0,95		0,3220	0,3748	0,3875	0,4011	0,4157	0,4314
0,75	0,90	0,1886	0,2426	0,2573	0,2740	0,2930	0,3147
0,80		0,2255	0,2834	0,2987	0,3158	0,3350	0,3566
0,85		0,2625	0,3224	0,3378	0,3548	0,3735	0,3944
0,90		0,2995	0,3596	0,3747	0,3910	0,4089	0,4285
0,95		0,3364	0,3952	0,4096	0,4250	0,4415	0,4595
0,75	0,95	0,2038	0,2640	0,2806	0,2994	0,3209	0,3458
0,80		0,2401	0,3039	0,3209	0,3400	0,3615	0,3859
0,85		0,2763	0,3419	0,3590	0,3778	0,3987	0,4220
0,90		0,3126	0,3783	0,3949	0,4130	0,4329	0,4548
0,95		0,3094	0,3935	0,4161	0,4414	0,4700	0,5026

		$\pi = 10$		$\tau_G = 4$		$\beta = 0{,}90$	
η_T	η_V	$\varrho = 0$	0,5	0,6	0,7	0,8	0,9
0,75		0,1134	0,1334	0,1383	0,1435	0,1492	0,1553
0,80		0,1601	0,1833	0,1887	0,1946	0,2007	0,2073
0,85	0,75	0,2068	0,2306	0,2360	0,2417	0,2477	0,2539
0,90		0,2534	0,2754	0,2803	0,2853	0,2906	0,2960
0,95		0,3001	0,3181	0,3220	0,3259	0,3300	0,3341
0,75		0,1447	0,1727	0,1797	0,1873	0,1955	0,2045
0,80		0,1897	0,2205	0,2280	0,2359	0,2444	0,2536
0,85	0,80	0,2347	0,2659	0,2732	0,2809	0,2890	0,2976
0,90		0,2797	0,3090	0,3157	0,3226	0,3298	0,3374
0,95		0,3247	0,3500	0,3556	0,3613	0,3673	0,3734
0,75		0,1705	0,2061	0,2151	0,2249	0,2356	0,2475
0,80		0,2141	0,2522	0,2615	0,2715	0,2823	0,2940
0,85	0,85	0,2577	0,2959	0,3050	0,3146	0,3249	0,3358
0,90		0,3013	0,3376	0,3459	0,3547	0,3639	0,3736
0,95		0,3449	0,3772	0,3844	0,3919	0,3997	0,4078
0,75		0,1921	0,2347	0,2456	0,2576	0,2707	0,2854
0,80		0,2345	0,2793	0,2904	0,3024	0,3155	0,3297
0,85	0,90	0,2770	0,3218	0,3325	0,3440	0,3563	0,3695
0,90		0,3194	0,3621	0,3721	0,3826	0,3937	0,4055
0,95		0,3619	0,4006	0,4094	0,4186	0,4281	0,4382
0,75		0,2105	0,2595	0,2722	0,2862	0,3017	0,3190
0,80		0,2519	0,3029	0,3157	0,3296	0,3448	0,3614
0,85	0,95	0,2934	0,3442	0,3565	0,3698	0,3841	0,3995
0,90		0,3349	0,3835	0,3950	0,4072	0,4201	0,4339
0,95		0,3763	0,4210	0,4312	0,4420	0,4533	0,4651

		$\pi = 12$		$\tau_G = 4$		$\beta = 0{,}90$	
η_T	η_V	$\varrho = 0$	0,5	0,6	0,7	0,8	0,9
0,75		0,0968	0,1078	0,1104	0,1130	0,1158	0,1187
0,80		0,1498	0,1621	0,1648	0,1676	0,1705	0,1735
0,85	0,75	0,2028	0,2134	0,2156	0,2179	0,2202	0,2226
0,90		0,2558	0,2618	0,2631	0,2643	0,2656	0,2668
0,95		0,3088	0,3077	0,3075	0,3073	0,3071	0,3068
0,75		0,1345	0,1527	0,1569	0,1614	0,1662	0,1713
0,80		0,1852	0,2044	0,2088	0,2133	0,2180	0,2229
0,85	0,80	0,2360	0,2534	0,2571	0,2610	0,2651	0,2692
0,90		0,2868	0,2997	0,3024	0,3052	0,3080	0,3109
0,95		0,3375	0,3436	0,3449	0,3461	0,3474	0,3487
0,75		0,1652	0,1905	0,1965	0,2030	0,2098	0,2172
0,80		0,2141	0,2402	0,2462	0,2525	0,2591	0,2661
0,85	0,85	0,2630	0,2872	0,2925	0,2981	0,3039	0,3100
0,90		0,3119	0,3317	0,3360	0,3404	0,3449	0,3495
0,95		0,3609	0,3740	0,3768	0,3796	0,3824	0,3853
0,75		0,1906	0,2228	0,2306	0,2390	0,2480	0,2576
0,80		0,2380	0,2707	0,2784	0,2865	0,2951	0,3042
0,85	0,90	0,2854	0,3161	0,3231	0,3303	0,3379	0,3459
0,90		0,3328	0,3592	0,3650	0,3709	0,3771	0,3835
0,95		0,3802	0,4001	0,4043	0,4087	0,4131	0,4176
0,75		0,2121	0,2508	0,2602	0,2705	0,2815	0,2935
0,80		0,2582	0,2972	0,3064	0,3163	0,3268	0,3380
0,85	0,95	0,3044	0,3412	0,3497	0,3586	0,3679	0,3778
0,90		0,3505	0,3830	0,3902	0,3978	0,4056	0,4137
0,95		0,3966	0,4228	0,4284	0,4342	0,4402	0,4463

		$\pi = 14$		$\tau_G = 4$		$\beta = 0{,}90$	
η_T	η_V	$\varrho = 0$	0,5	0,6	0,7	0,8	0,9
0,75		0,0764	0,0809	0,0819	0,0828	0,0839	0,0849
0,80		0,1355	0,1392	0,1399	0,1407	0,1415	0,1423
0,85	0,75	0,1947	0,1941	0,1940	0,1938	0,1937	0,1936
0,90		0,2539	0,2458	0,2443	0,2428	0,2412	0,2398
0,95		0,3131	0,2947	0,2913	0,2879	0,2847	0,2815
0,75		0,1208	0,1310	0,1332	0,1356	0,1380	0,1405
0,80		0,1771	0,1864	0,1883	0,1903	0,1924	0,1945
0,85	0,80	0,2334	0,2385	0,2396	0,2406	0,2417	0,2428
0,90		0,2897	0,2878	0,2874	0,2870	0,2866	0,2863
0,95		0,3460	0,3344	0,3321	0,3299	0,3277	0,3256
0,75		0,1566	0,1731	0,1768	0,1807	0,1848	0,1890
0,80		0,2106	0,2260	0,2294	0,2328	0,2364	0,2401
0,85	0,85	0,2645	0,2759	0,2783	0,2808	0,2833	0,2858
0,90		0,3185	0,3231	0,3241	0,3250	0,3260	0,3269
0,95		0,3735	0,3678	0,3669	0,3660	0,3651	0,3642
0,75		0,1860	0,2089	0,2142	0,2198	0,2256	0,2318
0,80		0,2381	0,2598	0,2646	0,2696	0,2748	0,2803
0,85	0,90	0,2901	0,3079	0,3117	0,3156	0,3196	0,3237
0,90		0,3422	0,3533	0,3556	0,3580	0,3604	0,3628
0,95		0,3942	0,3964	0,3969	0,3973	0,3977	0,3982
0,75		0,2106	0,2398	0,2466	0,2539	0,2615	0,2697
0,80		0,2611	0,2889	0,2952	0,3018	0,3087	0,3159
0,85	0,95	0,3115	0,3354	0,3406	0,3460	0,3516	0,3573
0,90		0,3620	0,3794	0,3831	0,3869	0,3907	0,3946
0,95		0,4124	0,4212	0,4230	0,4248	0,4266	0,4284

		$\pi = 16$		$\tau_G = 4$		$\beta = 0{,}90$	
η_T	η_V	$\varrho = 0$	0,5	0,6	0,7	0,8	0,9
0,75		0,0525	0,0531	0,0532	0,0533	0,0534	0,0535
0,80		0,1178	0,1152	0,1147	0,1142	0,1137	0,1132
0,85	0,75	0,1830	0,1735	0,1717	0,1700	0,1682	0,1666
0,90		0,2483	0,2283	0,2247	0,2212	0,2178	0,2145
0,95		0,3136	0,2800	0,2741	0,2684	0,2630	0,2578
0,75		0,1043	0,1083	0,1092	0,1100	0,1109	0,1118
0,80		0,1659	0,1670	0,1673	0,1675	0,1677	0,1679
0,85	0,80	0,2276	0,2222	0,2212	0,2201	0,2191	0,2181
0,90		0,2893	0,2742	0,2714	0,2686	0,2659	0,2632
0,95		0,3509	0,3232	0,3182	0,3133	0,3086	0,3040
0,75		0,1454	0,1545	0,1565	0,1585	0,1606	0,1627
0,80		0,2042	0,2105	0,2118	0,2131	0,2144	0,2157
0,85	0,85	0,2630	0,2631	0,2631	0,2631	0,2631	0,2631
0,90		0,3218	0,3127	0,3109	0,3092	0,3075	0,3058
0,95		0,3806	0,3595	0,3556	0,3518	0,3480	0,3443
0,75		0,1789	0,1938	0,1970	0,2004	0,2030	0,2075
0,80		0,2353	0,2473	0,2499	0,2525	0,2551	0,2578
0,85	0,90	0,2918	0,2978	0,2990	0,3003	0,3015	0,3028
0,90		0,3482	0,3455	0,3449	0,3444	0,3438	0,3433
0,95		0,4047	0,3905	0,3878	0,3851	0,3825	0,3799
0,75		0,2067	0,2274	0,2321	0,2369	0,2420	0,2473
0,80		0,2612	0,2790	0,2829	0,2869	0,2910	0,2952
0,85	0,95	0,3157	0,3277	0,3302	0,3328	0,3354	0,3380
0,90		0,3702	0,3737	0,3744	0,3752	0,3759	0,3766
0,95		0,4247	0,4173	0,4158	0,4144	0,4129	0,4115

		$\pi = 2$		$\tau_G = 5$			$\beta = 0{,}90$
η_T	η_V	$\varrho = 0$	0,5	0,6	0,7	0,8	0,9
0,75		0,0707	0,1244	0,1467	0,1788	0,2289	0,3180
0,80		0,0797	0,1392	0,1637	0,1986	0,2523	0,3460
0,85	0,75	0,0888	0,1538	0,1802	0,2177	0,2747	0,3722
0,90		0,0978	0,1682	0,1965	0,2362	0,2961	0,3966
0,95		0,1068	0,1823	0,2123	0,2542	0,3165	0,4194
0,75		0,0744	0,1311	0,1546	0,1885	0,2415	0,3357
0,80		0,0835	0,1458	0,1714	0,2080	0,2645	0,3630
0,85	0,80	0,0925	0,1603	0,1879	0,2269	0,2865	0,3885
0,90		0,1014	0,1745	0,2039	0,2453	0,3076	0,4124
0,95		0,1104	0,1886	0,2197	0,2630	0,3277	0,4347
0,75		0,0777	0,1369	0,1616	0,1970	0,2524	0,3512
0,80		0,0867	0,1515	0,1782	0,2164	0,2752	0,3780
0,85	0,85	0,0957	0,1659	0,1945	0,2351	0,2969	0,4029
0,90		0,1046	0,1801	0,2105	0,2532	0,3177	0,4263
0,95		0,1136	0,1941	0,2261	0,2708	0,3376	0,4481
0,75		0,0806	0,1421	0,1677	0,2046	0,2622	0,3650
0,80		0,0896	0,1566	0,1843	0,2237	0,2846	0,3912
0,85	0,90	0,0985	0,1709	0,2005	0,2423	0,3061	0,4157
0,90		0,1074	0,1850	0,2163	0,2603	0,3267	0,4386
0,95		0,1164	0,1989	0,2318	0,2777	0,3463	0,4600
0,75		0,0832	0,1467	0,1731	0,2112	0,2708	0,3773
0,80		0,0921	0,1612	0,1896	0,2303	0,2931	0,4031
0,85	0,95	0,1010	0,1754	0,2057	0,2487	0,3143	0,4271
0,90		0,1099	0,1894	0,2215	0,2665	0,3347	0,4496
0,95		0,1188	0,2032	0,2369	0,2839	0,3541	0,4706

		$\pi = 4$		$\tau_G = 5$			$\beta = 0{,}90$
η_T	η_V	$\varrho = 0$	0,5	0,6	0,7	0,8	0,9
0,75		0,1410	0,2171	0,2433	0,2768	0,3210	0,3820
0,80		0,1609	0,2440	0,2721	0,3075	0,3536	0,4158
0,85	0,75	0,1808	0,2702	0,2998	0,3367	0,3839	0,4466
0,90		0,2008	0,2955	0,3263	0,3643	0,4123	0,4748
0,95		0,2207	0,3202	0,3519	0,3906	0,4388	0,5007
0,75		0,1493	0,2305	0,2586	0,2945	0,3419	0,4076
0,80		0,1691	0,2570	0,2868	0,3245	0,3736	0,4402
0,85	0,80	0,1888	0,2828	0,3140	0,3530	0,4031	0,4698
0,90		0,2085	0,3078	0,3401	0,3801	0,4307	0,4969
0,95		0,2283	0,3320	0,3653	0,4059	0,4566	0,5219
0,75		0,1566	0,2421	0,2718	0,3098	0,3602	0,4301
0,80		0,1761	0,2683	0,2997	0,3393	0,3911	0,4615
0,85	0,85	0,1957	0,2937	0,3264	0,3673	0,4200	0,4902
0,90		0,2152	0,3184	0,3522	0,3939	0,4469	0,5164
0,95		0,2348	0,3424	0,3769	0,4192	0,4722	0,5405
0,75		0,1629	0,2523	0,2835	0,3234	0,3763	0,4500
0,80		0,1823	0,2782	0,3109	0,3524	0,4066	0,4805
0,85	0,90	0,2017	0,3033	0,3373	0,3799	0,4348	0,5082
0,90		0,2211	0,3277	0,3627	0,4061	0,4612	0,5336
0,95		0,2405	0,3514	0,3872	0,4310	0,4859	0,5570
0,75		0,1685	0,2614	0,2938	0,3354	0,3907	0,4678
0,80		0,1877	0,2870	0,3209	0,3640	0,4203	0,4973
0,85	0,95	0,2070	0,3119	0,3470	0,3911	0,4480	0,5243
0,90		0,2263	0,3360	0,3721	0,4169	0,4739	0,5490
0,95		0,2455	0,3595	0,3962	0,4414	0,4982	0,5717

		$\pi = 6$		$\tau_G = 5$		$\beta = 0{,}90$	
η_T	η_V	$\varrho = 0$	0,5	0,6	0,7	0,8	0,9
0,75		0,1693	0,2416	0,2641	0,2914	0,3248	0,3670
0,80		0,1960	0,2745	0,2984	0,3269	0,3613	0,4039
0,85	0,75	0,2228	0,3062	0,3311	0,3602	0,3951	0,4373
0,90		0,2495	0,3368	0,3622	0,3916	0,4263	0,4678
0,95		0,2763	0,3663	0,3919	0,4213	0,4554	0,4955
0,75		0,1811	0,2595	0,2841	0,3139	0,3507	0,3972
0,80		0,2074	0,2918	0,3176	0,3485	0,3859	0,4325
0,85	0,80	0,2338	0,3229	0,3495	0,3809	0,4186	0,4645
0,90		0,2602	0,3529	0,3799	0,4115	0,4488	0,4936
0,95		0,2865	0,3818	0,4090	0,4404	0,4770	0,5202
0,75		0,1912	0,2750	0,3015	0,3335	0,3732	0,4236
0,80		0,2172	0,3067	0,3343	0,3672	0,4074	0,4575
0,85	0,85	0,2432	0,3373	0,3655	0,3990	0,4391	0,4883
0,90		0,2693	0,3667	0,3954	0,4288	0,4685	0,5162
0,95		0,2953	0,3952	0,4239	0,4570	0,4958	0,5418
0,75		0,2000	0,2886	0,3166	0,3507	0,3931	0,4470
0,80		0,2257	0,3198	0,3488	0,3837	0,4264	0,4797
0,85	0,90	0,2514	0,3499	0,3796	0,4148	0,4572	0,5093
0,90		0,2772	0,3789	0,4089	0,4440	0,4858	0,5363
0,95		0,3029	0,4069	0,4369	0,4716	0,5124	0,5609
0,75		0,2077	0,3005	0,3300	0,3660	0,4107	0,4678
0,80		0,2332	0,3313	0,3617	0,3983	0,4432	0,4994
0,85	0,95	0,2586	0,3609	0,3920	0,4288	0,4733	0,5281
0,90		0,2841	0,3896	0,4208	0,4575	0,5012	0,5541
0,95		0,3096	0,4172	0,4484	0,4846	0,5272	0,5780

		$\pi = 8$		$\tau_G = 5$		$\beta = 0{,}90$	
η_T	η_V	$\varrho = 0$	0,5	0,6	0,7	0,8	0,9
0,75		0,1827	0,2468	0,2655	0,2872	0,3128	0,3433
0,80		0,2147	0,2839	0,3035	0,3260	0,3521	0,3828
0,85	0,75	0,2467	0,3195	0,3396	0,3623	0,3883	0,4183
0,90		0,2787	0,3536	0,3737	0,3963	0,4217	0,4506
0,95		0,3107	0,3864	0,4062	0,4281	0,4526	0,4800
0,75		0,1975	0,2685	0,2893	0,3136	0,3424	0,3769
0,80		0,2289	0,3047	0,3263	0,3512	0,3802	0,4145
0,85	0,80	0,2603	0,3394	0,3614	0,3864	0,4151	0,4484
0,90		0,2917	0,3727	0,3946	0,4193	0,4472	0,4792
0,95		0,3231	0,4047	0,4262	0,4502	0,4770	0,5072
0,75		0,2101	0,2871	0,3099	0,3365	0,3681	0,4063
0,80		0,2410	0,3226	0,3460	0,3731	0,4047	0,4423
0,85	0,85	0,2719	0,3565	0,3802	0,4072	0,4384	0,4748
0,90		0,3028	0,3892	0,4127	0,4393	0,4695	0,5042
0,95		0,3337	0,4205	0,4436	0,4694	0,4983	0,5311
0,75		0,2210	0,3034	0,3278	0,3566	0,3908	0,4324
0,80		0,2514	0,3381	0,3632	0,3922	0,4263	0,4669
0,85	0,90	0,2819	0,3715	0,3967	0,4256	0,4590	0,4981
0,90		0,3123	0,4035	0,4285	0,4568	0,4892	0,5264
0,95		0,3428	0,4343	0,4588	0,4862	0,5171	0,5522
0,75		0,2304	0,3176	0,3436	0,3743	0,4109	0,4555
0,80		0,2605	0,3518	0,3783	0,4091	0,4454	0,4888
0,85	0,95	0,2906	0,3846	0,4112	0,4417	0,4772	0,5189
0,90		0,3206	0,4161	0,4424	0,4723	0,5066	0,5462
0,95		0,3507	0,4464	0,4722	0,5011	0,5338	0,5710

$\pi = 10$		$\tau_G = 5$			$\beta = 0{,}90$		
η_T	η_V	$\varrho = 0$	0,5	0,6	0,7	0,8	0,9
0,75		0,1888	0,2442	0,2594	0,2767	0,2964	0,3191
0,80		0,2252	0,2846	0,3004	0,3181	0,3380	0,3606
0,85	0,75	0,2616	0,3232	0,3391	0,3567	0,3762	0,3980
0,90		0,2981	0,3600	0,3757	0,3927	0,4114	0,4319
0,95		0,3345	0,3953	0,4103	0,4264	0,4438	0,4627
0,75		0,2064	0,2691	0,2865	0,3063	0,3290	0,3554
0,80		0,2420	0,3083	0,3262	0,3463	0,3690	0,3949
0,85	0,80	0,2776	0,3459	0,3637	0,3836	0,4057	0,4305
0,90		0,3132	0,3817	0,3992	0,4184	0,4394	0,4628
0,95		0,3488	0,4161	0,4328	0,4509	0,4706	0,4921
0,75		0,2213	0,2905	0,3098	0,3320	0,3575	0,3873
0,80		0,2562	0,3287	0,3485	0,3707	0,3960	0,4250
0,85	0,85	0,2911	0,3654	0,3850	0,4069	0,4314	0,4590
0,90		0,3260	0,4004	0,4196	0,4406	0,4639	0,4898
0,95		0,3609	0,4340	0,4523	0,4722	0,4940	0,5178
0,75		0,2340	0,3090	0,3302	0,3544	0,3825	0,4154
0,80		0,2684	0,3465	0,3679	0,3921	0,4198	0,4516
0,85	0,90	0,3027	0,3823	0,4035	0,4273	0,4540	0,4842
0,90		0,3370	0,4166	0,4373	0,4601	0,4854	0,5137
0,95		0,3713	0,4495	0,4693	0,4909	0,5145	0,5406
0,75		0,2451	0,3253	0,3480	0,3742	0,4047	0,4405
0,80		0,2789	0,3620	0,3849	0,4110	0,4408	0,4753
0,85	0,95	0,3127	0,3972	0,4198	0,4453	0,4740	0,5066
0,90		0,3465	0,4309	0,4529	0,4773	0,5045	0,5350
0,95		0,3803	0,4632	0,4843	0,5074	0,5328	0,5609

$\pi = 12$		$\tau_G = 5$			$\beta = 0{,}90$		
η_T	η_V	$\varrho = 0$	0,5	0,6	0,7	0,8	0,9
0,75		0,1904	0,2372	0,2495	0,2641	0,2783	0,2954
0,80		0,2307	0,2804	0,2931	0,3069	0,3221	0,3389
0,85	0,75	0,2710	0,3216	0,3340	0,3475	0,3621	0,3780
0,90		0,3113	0,3608	0,3726	0,3853	0,3983	0,4133
0,95		0,3516	0,3982	0,4090	0,4205	0,4326	0,4454
0,75		0,2107	0,2651	0,2796	0,2957	0,3138	0,3342
0,80		0,2499	0,3070	0,3216	0,3378	0,3556	0,3755
0,85	0,80	0,2892	0,3468	0,3612	0,3769	0,3939	0,4126
0,90		0,3285	0,3849	0,3986	0,4132	0,4291	0,4461
0,95		0,3678	0,4112	0,4338	0,4472	0,4614	0,4766
0,75		0,2277	0,2890	0,3054	0,3238	0,3446	0,3682
0,80		0,2661	0,3297	0,3462	0,3645	0,3848	0,4075
0,85	0,85	0,3045	0,3685	0,3846	0,4023	0,4216	0,4429
0,90		0,3429	0,4055	0,4209	0,4375	0,4554	0,4749
0,95		0,3813	0,4409	0,4552	0,4703	0,4866	0,5040
0,75		0,2423	0,3096	0,3279	0,3484	0,3716	0,3982
0,80		0,2799	0,3494	0,3676	0,3878	0,4104	0,4359
0,85	0,90	0,3176	0,3873	0,4050	0,4245	0,4460	0,4697
0,90		0,3552	0,4234	0,4404	0,4587	0,4786	0,5003
0,95		0,3929	0,4581	0,4738	0,4906	0,5087	0,5281
0,75		0,2548	0,3277	0,3476	0,3700	0,3956	0,4249
0,80		0,2918	0,3666	0,3864	0,4084	0,4331	0,4610
0,85	0,95	0,3288	0,4037	0,4229	0,4441	0,4675	0,4935
0,90		0,3658	0,4391	0,4575	0,4774	0,4991	0,5229
0,95		0,4028	0,4730	0,4901	0,5085	0,5283	0,5497

		$\pi = 14$		$\tau_G = 5$		$\beta = 0{,}90$	
η_T	η_V	$\varrho = 0$	0,5	0,6	0,7	0,8	0,9
0,75		0,1893	0,2283	0,2381	0,2488	0,2605	0,2733
0,80		0,2332	0,2740	0,2839	0,2946	0,3061	0,3186
0,85	0,75	0,2771	0,3174	0,3269	0,3370	0,3477	0,3591
0,90		0,3210	0,3586	0,3672	0,3763	0,3858	0,3958
0,95		0,3648	0,3979	0,4052	0,4129	0,4208	0,4290
0,75		0,2122	0,2590	0,2709	0,2840	0,2984	0,3143
0,80		0,2548	0,3031	0,3150	0,3279	0,3419	0,3571
0,85	0,80	0,2974	0,3450	0,3564	0,3686	0,3816	0,3956
0,90		0,3400	0,3849	0,3953	0,4063	0,4180	0,4303
0,95		0,3827	0,4229	0,4320	0,4415	0,4514	0,4618
0,75		0,2314	0,2851	0,2990	0,3143	0,3313	0,3502
0,80		0,2729	0,3279	0,3417	0,3566	0,3730	0,3909
0,85	0,85	0,3145	0,3686	0,3818	0,3959	0,4111	0,4275
0,90		0,3560	0,4074	0,4195	0,4324	0,4460	0,4606
0,95		0,3975	0,4444	0,4551	0,4663	0,4782	0,4906
0,75		0,2476	0,3077	0,3234	0,3408	0,3601	0,3818
0,80		0,2882	0,3494	0,3648	0,3817	0,4003	0,4207
0,85	0,90	0,3289	0,3890	0,4038	0,4197	0,4370	0,4557
0,90		0,3695	0,4268	0,4405	0,4551	0,4707	0,4873
0,95		0,4101	0,4629	0,4751	0,4880	0,5016	0,5160
0,75		0,2615	0,3274	0,3447	0,3640	0,3856	0,4099
0,80		0,3014	0,3681	0,3851	0,4038	0,4244	0,4473
0,85	0,95	0,3413	0,4069	0,4231	0,4408	0,4599	0,4880
0,90		0,3811	0,4438	0,4589	0,4751	0,4925	0,5111
0,95		0,4210	0,4791	0,4927	0,5072	0,5224	0,5387

		$\pi = 16$		$\tau_G = 5$		$\beta = 0{,}90$	
η_T	η_V	$\varrho = 0$	0,5	0,6	0,7	0,8	0,9
0,75		0,1860	0,2178	0,2256	0,2338	0,2428	0,2524
0,80		0,2332	0,2658	0,2734	0,2815	0,2900	0,2992
0,85	0,75	0,2804	0,3112	0,3181	0,3255	0,3331	0,3411
0,90		0,3276	0,3543	0,3601	0,3662	0,3725	0,3789
0,95		0,3748	0,3952	0,3996	0,4040	0,4086	0,4132
0,75		0,2116	0,2511	0,2609	0,2714	0,2828	0,2953
0,80		0,2572	0,2973	0,3068	0,3170	0,3279	0,3395
0,85	0,80	0,3029	0,3410	0,3498	0,3591	0,3689	0,3792
0,90		0,3486	0,3826	0,3902	0,3982	0,4064	0,4151
0,95		0,3942	0,4222	0,4282	0,4345	0,4409	0,4475
0,75		0,2328	0,2794	0,2911	0,3038	0,3177	0,3328
0,80		0,2772	0,3241	0,3355	0,3476	0,3608	0,3749
0,85	0,85	0,3216	0,3665	0,3770	0,3882	0,4000	0,4126
0,90		0,3660	0,4068	0,4161	0,4258	0,4360	0,4467
0,95		0,4104	0,4452	0,4529	0,4608	0,4691	0,4776
0,75		0,2507	0,3038	0,3173	0,3320	0,3482	0,3659
0,80		0,2940	0,3472	0,3603	0,3744	0,3896	0,4061
0,85	0,90	0,3373	0,3885	0,4006	0,4136	0,4274	0,4421
0,90		0,3806	0,4277	0,4385	0,4500	0,4620	0,4747
0,95		0,4240	0,4651	0,4743	0,4838	0,4938	0,5042
0,75		0,2659	0,3251	0,3402	0,3568	0,3751	0,3954
0,80		0,3084	0,3674	0,3820	0,3978	0,4151	0,4338
0,85	0,95	0,3508	0,4076	0,4213	0,4359	0,4515	0,4683
0,90		0,3932	0,4459	0,4582	0,4712	0,4849	0,4995
0,95		0,4356	0,4824	0,4930	0,5041	0,5157	0,5278

		$\pi = 2$		$\tau_G = 2$		$\beta = 0{,}95$	
η_T	η_V	$\varrho = 0$	0,5	0,6	0,7	0,8	0,9
0,75		—	—	—	—	—	—
0,80		—	—	—	—	—	—
0,85	0,75	—	—	—	—	—	—
0,90		0,0171	0,0242	0,0263	0,0290	0,0321	0,0361
0,95		0,0401	0,0558	0,0605	0,0661	0,0729	0,0812
0,75		—	—	—	—	—	—
0,80		—	—	—	—	—	—
0,85	0,80	0,0184	0,0267	0,0293	0,0325	0,0365	0,0416
0,90		0,0409	0,0582	0,0636	0,0701	0,0781	0,0881
0,95		0,0633	0,0888	0,0965	0,1057	0,1169	0,1308
0,75		—	—	—	—	—	—
0,80		0,0170	0,0251	0,0278	0,0311	0,0353	0,0408
0,85	0,85	0,0390	0,0567	0,0624	0,0694	0,0781	0,0893
0,90		0,0609	0,0873	0,0956	0,1055	0,1179	0,1336
0,95		0,0829	0,1169	0,1274	0,1399	0,1552	0,1742
0,75		0,0134	0,0202	0,0225	0,0254	0,0291	0,0341
0,80		0,0349	0,0519	0,0575	0,0645	0,0733	0,0850
0,85	0,90	0,0565	0,0826	0,0911	0,1014	0,1144	0,1313
0,90		0,0780	0,1124	0,1232	0,1364	0,1528	0,1736
0,95		0,0996	0,1412	0,1541	0,1697	0,1886	0,2124
0,75		0,0292	0,0443	0,0494	0,0558	0,0642	0,0755
0,80		0,0504	0,0753	0,0835	0,0937	0,1068	0,1242
0,85	0,95	0,0716	0,1052	0,1161	0,1296	0,1465	0,1686
0,90		0,0928	0,1343	0,1475	0,1636	0,1836	0,2092
0,95		0,1140	0,1625	0,1776	0,1958	0,2182	0,2464

		$\pi = 4$		$\tau_G = 2$		$\beta = 0{,}95$	
η_T	η_V	$\varrho = 0$	0,5	0,6	0,7	0,8	0,9
0,75		—	—	—	—	—	—
0,80		—	—	—	—	—	—
0,85	0,75	—	—	—	—	—	—
0,90		—	—	—	—	—	—
0,95		—	—	—	—	—	—
0,75		—	—	—	—	—	—
0,80		—	—	—	—	—	—
0,85	0,80	—	—	—	—	—	—
0,90		—	—	—	—	—	—
0,95		0,025	0,0021	0,0020	0,0019	0,0019	0,0018
0,75		—	—	—	—	—	—
0,80		—	—	—	—	—	—
0,85	0,85	—	—	—	—	—	—
0,90		0,0106	0,0093	0,0091	0,0089	0,0087	0,0085
0,95		0,0817	0,0695	0,0675	0,0656	0,0638	0,0621
0,75		—	—	—	—	—	—
0,80		—	—	—	—	—	—
0,85	0,90	0,0093	0,0088	0,0087	0,0086	0,0085	0,0084
0,90		0,0757	0,0690	0,0678	0,0666	0,0655	0,0644
0,95		0,1421	0,1256	0,1228	0,1201	0,1175	0,1150
0,75		—	—	—	—	—	—
0,80		0,0018	0,0018	0,0018	0,0018	0,0018	0,0018
0,85	0,95	0,0644	0,0624	0,0620	0,0616	0,0612	0,0608
0,90		0,1271	0,1194	0,1180	0,1166	0,1152	0,1139
0,95		0,1898	0,1732	0,1703	0,1674	0,1646	0,1619

		$\pi = 6$		$\tau_G = 2$		$\beta = 0,95$	
η_T	η_V	$\varrho = 0$	0,5	0,6	0,7	0,8	0,9
0,75		—	—	—	—	—	—
0,80		—	—	—	—	—	—
0,85	0,75	—	—	—	—	—	—
0,90		—	—	—	—	—	—
0,95		—	—	—	—	—	—
0,75		—	—	—	—	—	—
0,80		—	—	—	—	—	—
0,85	0,80	—	—	—	—	—	—
0,90		—	—	—	—	—	—
0,95		—	—	—	—	—	—
0,75		—	—	—	—	—	—
0,80		—	—	—	—	—	—
0,85	0,85	—	—	—	—	—	—
0,90		—	—	—	—	—	—
0,95		—	—	—	—	—	—
0,75		—	—	—	—	—	—
0,80		—	—	—	—	—	—
0,85	0,90	—	—	—	—	—	—
0,90		—	—	—	—	—	—
0,95		0,0316	0,0172	0,0157	0,0145	0,0135	0,0126
0,75		—	—	—	—	—	—
0,80		—	—	—	—	—	—
0,85	0,95	—	—	—	—	—	—
0,90		0,0263	0,0163	0,0151	0,0141	0,0132	0,0125
0,95		0,1504	0,0896	0,0829	0,0771	0,0721	0,0677

		$\pi = 2$		$\tau_G = 3$		$\beta = 0,95$	
η_T	η_V	$\varrho = 0$	0,5	0,6	0,7	0,8	0,9
0,75		0,0503	0,0834	0,0960	0,1131	0,1376	0,1757
0,80		0,0641	0,1050	0,1204	0,1410	0,1702	0,2146
0,85	0,75	0,0779	0,1262	0,1440	0,1678	0,2009	0,2504
0,90		0,0917	0,1469	0,1670	0,1935	0,2300	0,2834
0,95		0,1054	0,1671	0,1892	0,2181	0,2574	0,3140
0,75		0,0595	0,0988	0,1138	0,1342	0,1635	0,2092
0,80		0,0732	0,1200	0,1377	0,1615	0,1951	0,2466
0,85	0,80	0,0868	0,1409	0,1609	0,1877	0,2250	0,2810
0,90		0,1004	0,1612	0,1835	0,2128	0,2532	0,3127
0,95		0,1141	0,1812	0,2053	0,2369	0,2800	0,3421
0,75		0,0675	0,1121	0,1292	0,1525	0,1861	0,2385
0,80		0,0810	0,1331	0,1528	0,1793	0,2169	0,2746
0,85	0,85	0,0946	0,1537	0,1757	0,2050	0,2461	0,3078
0,90		0,1080	0,1738	0,1978	0,2296	0,2736	0,3384
0,95		0,1216	0,1934	0,2193	0,2533	0,2997	0,3668
0,75		0,0745	0,1239	0,1428	0,1687	0,2060	0,2645
0,80		0,0879	0,1446	0,1661	0,1950	0,2362	0,2993
0,85	0,90	0,1013	0,1649	0,1886	0,2202	0,2646	0,3315
0,90		0,1147	0,1847	0,2104	0,2444	0,2915	0,3611
0,95		0,1281	0,2042	0,2317	0,2677	0,3170	0,3886
0,75		0,0806	0,1342	0,1549	0,1830	0,2237	0,2875
0,80		0,0939	0,1547	0,1778	0,2089	0,2532	0,3214
0,85	0,95	0,1072	0,1748	0,2000	0,2337	0,2811	0,3526
0,90		0,1206	0,1945	0,2216	0,2576	0,3075	0,3814
0,95		0,1339	0,2137	0,2426	0,2805	0,3325	0,4081

		$\pi = 4$		$\tau_G = 3$		$\beta = 0{,}95$	
η_T	η_V	$\varrho = 0$	0,5	0,6	0,7	0,8	0,9
0,75		0,0579	0,0776	0,0833	0,0899	0,0976	0,1068
0,80		0,0906	0,1189	0,1268	0,1359	0,1463	0,1585
0,85	0,75	0,1233	0,1584	0,1680	0,1788	0,1911	0,2052
0,90		0,1560	0,1963	0,2070	0,2190	0,2324	0,2476
0,95		0,1887	0,2327	0,2441	0,2567	0,2706	0,2861
0,75		0,0827	0,1118	0,1203	0,1302	0,1419	0,1559
0,80		0,1145	0,1517	0,1622	0,1743	0,1884	0,2049
0,85	0,80	0,1463	0,1898	0,2019	0,2155	0,2311	0,2492
0,90		0,1782	0,2265	0,2395	0,2541	0,2705	0,2893
0,95		0,2100	0,2617	0,2752	0,2902	0,3070	0,3258
0,75		0,1034	0,1410	0,1521	0,1650	0,1804	0,1989
0,80		0,1345	0,1796	0,1926	0,2075	0,2249	0,2455
0,85	0,85	0,1656	0,2167	0,2309	0,2472	0,2658	0,2876
0,90		0,1968	0,2523	0,2673	0,2843	0,3036	0,3258
0,95		0,2279	0,2864	0,3019	0,3192	0,3386	0,3605
0,75		0,1211	0,1662	0,1796	0,1953	0,2141	0,2368
0,80		0,1516	0,2038	0,2189	0,2364	0,2569	0,2813
0,85	0,90	0,1821	0,2399	0,2561	0,2747	0,2963	0,3215
0,90		0,2126	0,2745	0,2915	0,3107	0,3327	0,3580
0,95		0,2431	0,3078	0,3252	0,3446	0,3664	0,3912
0,75		0,1364	0,1882	0,2037	0,2219	0,2438	0,2704
0,80		0,1663	0,2249	0,2419	0,2618	0,2851	0,3131
0,85	0,95	0,1963	0,2601	0,2782	0,2990	0,3232	0,3516
0,90		0,2262	0,2940	0,3127	0,3340	0,3584	0,3866
0,95		0,2562	0,3266	0,3455	0,3668	0,3910	0,4185

		$\pi = 6$		$\tau_G = 3$		$\beta = 0{,}95$	
η_T	η_V	$\varrho = 0$	0,5	0,6	0,7	0,8	0,9
0,75		0,0142	0,0164	0,0169	0,0175	0,0181	0,0187
0,80		0,0628	0,0707	0,0725	0,0744	0,0764	0,0785
0,85	0,75	0,1114	0,1220	0,1243	0,1268	0,1293	0,1320
0,90		0,1601	0,1707	0,1730	0,1753	0,1778	0,1803
0,95		0,2087	0,2169	0,2187	0,2204	0,2222	0,2240
0,75		0,0564	0,0664	0,0688	0,0715	0,0743	0,0774
0,80		0,1029	0,1179	0,1215	0,1252	0,1293	0,1335
0,85	0,80	0,1494	0,1668	0,1708	0,1750	0,1794	0,1840
0,90		0,1960	0,2133	0,2171	0,2211	0,2252	0,2294
0,95		0,2425	0,2574	0,2606	0,2639	0,2672	0,2707
0,75		0,0907	0,1084	0,1128	0,1176	0,1228	0,1285
0,80		0,1355	0,1578	0,1631	0,1689	0,1750	0,1817
0,85	0,85	0,1803	0,2046	0,2103	0,2163	0,2226	0,2294
0,90		0,2251	0,2492	0,2546	0,2603	0,2662	0,2724
0,95		0,2700	0,2916	0,2963	0,3012	0,3063	0,3115
0,75		0,1191	0,1442	0,1506	0,1575	0,1651	0,1735
0,80		0,1625	0,1918	0,1989	0,2066	0,2150	0,2240
0,85	0,90	0,2059	0,2369	0,2443	0,2521	0,2605	0,2694
0,90		0,2493	0,2799	0,2869	0,2943	0,3021	0,3103
0,95		0,2927	0,3208	0,3271	0,3336	0,3404	0,3475
0,75		0,1430	0,1751	0,1834	0,1924	0,2024	0,2135
0,80		0,1853	0,2211	0,2300	0,2397	0,2502	0,2616
0,85	0,95	0,2275	0,2648	0,2738	0,2835	0,2938	0,3049
0,90		0,2697	0,3065	0,3151	0,3242	0,3338	0,3440
0,95		0,3119	0,3462	0,3539	0,3620	0,3705	0,3795

		$\pi = 8$		$\tau_G = 3$		$\beta = 0,95$	
η_T	η_V	$\varrho = 0$	0,5	0,6	0,7	0,8	0,9
0,75		—	—	—	—	—	—
0,80		0,0080	0,0078	0,0078	0,0078	0,0078	0,0077
0,85	0,75	0,0727	0,0692	0,0686	0,0679	0,0673	0,0667
0,90		0,1374	0,1269	0,1250	0,1232	0,1214	0,1196
0,95		0,2022	0,1813	0,1776	0,1741	0,1707	0,1675
0,75		0,0070	0,0074	0,0074	0,0075	0,0076	0,0076
0,80		0,0678	0,0688	0,0690	0,0692	0,0693	0,0695
0,85	0,80	0,1286	0,1265	0,1261	0,1256	0,1252	0,1248
0,90		0,1894	0,1809	0,1792	0,1777	0,1761	0,1746
0,95		0,2502	0,2322	0,2289	0,2257	0,2226	0,2195
0,75		0,0572	0,0613	0,0622	0,0631	0,0641	0,0651
0,80		0,1149	0,1194	0,1204	0,1214	0,1224	0,1234
0,85	0,85	0,1726	0,1742	0,1746	0,1749	0,1752	0,1756
0,90		0,2303	0,2259	0,2251	0,2242	0,2234	0,2225
0,95		0,2880	0,2747	0,2722	0,2698	0,2674	0,2650
0,75		0,0977	0,1068	0,1089	0,1110	0,1132	0,1155
0,80		0,1529	0,1623	0,1644	0,1665	0,1686	0,1708
0,85	0,90	0,2081	0,2147	0,2160	0,2174	0,2188	0,2202
0,90		0,2633	0,2641	0,2643	0,2644	0,2646	0,2648
0,95		0,3185	0,3109	0,3094	0,3079	0,3065	0,3050
0,75		0,1310	0,1458	0,1492	0,1527	0,1564	0,1603
0,80		0,1842	0,1991	0,2023	0,2057	0,2092	0,2128
0,85	0,95	0,2373	0,2493	0,2519	0,2545	0,2572	0,2599
0,90		0,2904	0,2969	0,2982	0,2995	0,3009	0,3022
0,95		0,3436	0,3419	0,3416	0,3413	0,3409	0,3406

		$\pi = 10$		$\tau_G = 3$		$\beta = 0,95$	
η_T	η_V	$\varrho = 0$	0,5	0,6	0,7	0,8	0,9
0,75		—	—	—	—	—	—
0,80		—	—	—	—	—	—
0,85	0,75	0,0111	0,0093	0,0090	0,0087	0,0084	0,0082
0,90		0,0938	0,0754	0,0726	0,0699	0,0675	0,0652
0,95		0,1763	0,1372	0,1314	0,1260	0,1211	0,1166
0,75		—	—	—	—	—	—
0,80		0,0143	0,0130	0,0127	0,0125	0,0122	0,0120
0,85	0,80	0,0903	0,0788	0,0769	0,0750	0,0732	0,0716
0,90		0,1662	0,1404	0,1362	0,1322	0,1285	0,1249
0,95		0,2422	0,1982	0,1913	0,1848	0,1788	0,1731
0,75		0,0084	0,0082	0,0081	0,0081	0,0080	0,0080
0,80		0,0793	0,0744	0,0734	0,0725	0,0716	0,0708
0,85	0,85	0,1502	0,1362	0,1337	0,1313	0,1290	0,1268
0,90		0,2211	0,1943	0,1897	0,1853	0,1811	0,1771
0,95		0,2920	0,2488	0,2417	0,2349	0,2285	0,2225
0,75		0,0633	0,0632	0,0632	0,0631	0,0631	0,0631
0,80		0,1302	0,1257	0,1249	0,1240	0,1232	0,1224
0,85	0,90	0,1972	0,1844	0,1821	0,1798	0,1776	0,1754
0,90		0,2641	0,2396	0,2352	0,2310	0,2269	0,2230
0,95		0,3311	0,2914	0,2846	0,2781	0,2719	0,2660
0,75		0,1074	0,1098	0,1103	0,1108	0,1113	0,1118
0,80		0,1712	0,1695	0,1691	0,1688	0,1685	0,1681
0,85	0,95	0,2350	0,2255	0,2237	0,2219	0,2202	0,2184
0,90		0,2987	0,2782	0,2744	0,2707	0,2671	0,2637
0,95		0,3625	0,3278	0,3217	0,3157	0,3100	0,3045

		$\pi = 12$		$\tau_G = 3$		$\beta = 0,95$	
η_T	η_V	$\varrho = 0$	0,5	0,6	0,7	0,8	0,9
0,75		—	—	—	—	—	—
0,80		—	—	—	—	—	—
0,85	0,75	—	—	—	—	—	—
0,90		0,0288	0,0201	0,0190	0,0180	0,0171	0,0162
0,95		0,1321	0,0892	0,0837	0,0789	0,0746	0,0708
0,75		—	—	—	—	—	—
0,80		—	—	—	—	—	—
0,85	0,80	0,0358	0,0278	0,0266	0,0255	0,0245	0,0236
0,90		0,1284	0,0963	0,0917	0,0875	0,0837	0,0802
0,95		0,2210	0,1601	0,1518	0,1442	0,1374	0,1312
0,75		—	—	—	—	—	—
0,80		0,0309	0,0262	0,0254	0,0247	0,0240	0,0233
0,85	0,85	0,1157	0,0948	0,0914	0,0884	0,0855	0,0828
0,90		0,2006	0,1587	0,1523	0,1465	0,1410	0,1360
0,95		0,2855	0,2185	0,2087	0,1998	0,1916	0,1840
0,75		0,0183	0,0168	0,0165	0,0162	0,0160	0,0157
0,80		0,0974	0,0860	0,0841	0,0822	0,0804	0,0787
0,85	0,90	0,1764	0,1505	0,1462	0,1422	0,1383	0,1347
0,90		0,2554	0,2109	0,2037	0,1971	0,1909	0,1850
0,95		0,3344	0,2674	0,2571	0,2475	0,2387	0,2304
0,75		0,0751	0,0710	0,0702	0,0695	0,0687	0,0680
0,80		0,1495	0,1365	0,1342	0,1319	0,1297	0,1276
0,85	0,95	0,2239	0,1977	0,1932	0,1889	0,1847	0,1808
0,90		0,2984	0,2551	0,2479	0,2411	0,2346	0,2285
0,95		0,3728	0,3088	0,2986	0,2890	0,2800	0,2716

		$\pi = 14$		$\tau_G = 3$		$\beta = 0,95$	
η_T	η_V	$\varrho = 0$	0,5	0,6	0,7	0,8	0,9
0,75		—	—	—	—	—	—
0,80		—	—	—	—	—	—
0,85	0,75	—	—	—	—	—	—
0,90		—	—	—	—	—	—
0,95		0,0671	0,0390	0,0359	0,0334	0,0311	0,0292
0,75		—	—	—	—	—	—
0,80		—	—	—	—	—	—
0,85	0,80	—	—	—	—	—	—
0,90		0,0757	0,0502	0,0471	0,0443	0,0418	0,0396
0,95		0,1877	0,1200	0,1119	0,1049	0,0987	0,0932
0,75		—	—	—	—	—	—
0,80		—	—	—	—	—	—
0,85	0,85	0,0699	0,0516	0,0490	0,0467	0,0446	0,0427
0,90		0,1703	0,1213	0,1147	0,1087	0,1034	0,0986
0,95		0,2708	0,1861	0,1752	0,1655	0,1568	0,1489
0,75		—	—	—	—	—	—
0,80		0,0553	0,0448	0,0431	0,0416	0,0402	0,0388
0,85	0,90	0,1473	0,1149	0,1100	0,1056	0,1015	0,0977
0,90		0,2394	0,1802	0,1717	0,1640	0,1569	0,1504
0,95		0,3314	0,2411	0,2287	0,2174	0,2073	0,1980
0,75		0,0352	0,0309	0,0301	0,0294	0,0287	0,0281
0,80		0,1208	0,1020	0,0989	0,0960	0,0933	0,0907
0,85	0,95	0,2064	0,1681	0,1621	0,1565	0,1513	0,1464
0,90		0,2920	0,2299	0,2205	0,2118	0,2038	0,1964
0,95		0,3777	0,2875	0,2745	0,2625	0,2515	0,2415

		$\pi = 16$		$\tau_G = 3$		$\beta = 0{,}95$	
η_T	η_V	$\varrho = 0$	0,5	0,6	0,7	0,8	0,9
0,75		—	—	—	—	—	—
0,80		—	—	—	—	—	—
0,85	0,75	—	—	—	—	—	—
0,90		—	—	—	—	—	—
0,95		—	—	—	—	—	—
0,75		—	—	—	—	—	—
0,80		—	—	—	—	—	—
0,85	0,80	—	—	—	—	—	—
0,90		0,0049	0,0029	0,0027	0,0025	0,0023	0,0022
0,95		0,1401	0,0786	0,0722	0,0668	0,0622	0,0581
0,75		—	—	—	—	—	—
0,80		—	—	—	—	—	—
0,85	0,85	0,0110	0,0073	0,0069	0,0065	0,0061	0,0058
0,90		0,1292	0,0826	0,0771	0,0722	0,0680	0,0642
0,95		0,2424	0,1524	0,1416	0,1321	0,1239	0,1166
0,75		—	—	—	—	—	—
0,80		0,0035	0,0026	0,0024	0,0023	0,0022	0,0021
0,85	0,90	0,1098	0,0782	0,0740	0,0702	0,0667	0,0636
0,90		0,2161	0,1483	0,1395	0,1318	0,1248	0,1185
0,95		0,3225	0,2135	0,2000	0,1881	0,1775	0,1681
0,75		—	—	—	—	—	—
0,80		0,0852	0,0665	0,0637	0,0612	0,0588	0,0566
0,85	0,95	0,1827	0,1374	0,1309	0,1250	0,1196	0,1147
0,90		0,2803	0,2034	0,1928	0,1833	0,1746	0,1668
0,95		0,3779	0,2648	0,2498	0,2365	0,2245	0,2137

		$\pi = 2$		$\tau_G = 4$		$\beta = 0{,}95$	
η_T	η_V	$\varrho = 0$	0,5	0,6	0,7	0,8	0,9
0,75		0,0738	0,1264	0,1474	0,1768	0,2208	0,2940
0,80		0,0850	0,1441	0,1675	0,1998	0,2476	0,3255
0,85	0,75	0,0962	0,1616	0,1870	0,2220	0,2731	0,3547
0,90		0,1073	0,1787	0,2061	0,2434	0,2973	0,3818
0,95		0,1185	0,1955	0,2247	0,2641	0,3203	0,4070
0,75		0,0792	0,1357	0,1583	0,1900	0,2375	0,3167
0,80		0,0903	0,1533	0,1782	0,2127	0,2638	0,3472
0,85	0,80	0,1014	0,1706	0,1975	0,2346	0,2888	0,3755
0,90		0,1125	0,1875	0,2164	0,2557	0,3125	0,4018
0,95		0,1236	0,2041	0,2347	0,2761	0,3351	0,4263
0,75		0,0839	0,1439	0,1679	0,2016	0,2522	0,3366
0,80		0,0950	0,1613	0,1876	0,2240	0,2780	0,3663
0,85	0,85	0,1060	0,1784	0,2067	0,2456	0,3025	0,3938
0,90		0,1170	0,1952	0,2253	0,2664	0,3259	0,4194
0,95		0,1281	0,2117	0,2435	0,2865	0,3481	0,4432
0,75		0,0881	0,1511	0,1764	0,2118	0,2651	0,3542
0,80		0,0991	0,1684	0,1958	0,2340	0,2905	0,3832
0,85	0,90	0,1100	0,1854	0,2148	0,2553	0,3147	0,4100
0,90		0,1210	0,2020	0,2333	0,2759	0,3377	0,4350
0,95		0,1320	0,2184	0,2513	0,2958	0,3595	0,4582
0,75		0,0917	0,1575	0,1839	0,2209	0,2766	0,3698
0,80		0,1026	0,1747	0,2032	0,2428	0,3017	0,3982
0,85	0,95	0,1136	0,1915	0,2220	0,2640	0,3255	0,4245
0,90		0,1246	0,2081	0,2403	0,2844	0,3482	0,4489
0,95		0,1355	0,2243	0,2582	0,3040	0,3697	0,4716

		$\pi = 4$		$\tau_G = 4$		$\beta = 0{,}95$	
η_T	η_V	$\varrho = 0$	0,5	0,6	0,7	0,8	0,9
0,75		0,1279	0,1875	0,2067	0,2304	0,2601	0,2987
0,80		0,1523	0,2192	0,2404	0,2660	0,2978	0,3382
0,85	0,75	0,1766	0,2499	0,2725	0,2996	0,3327	0,3740
0,90		0,2009	0,2795	0,3032	0,3313	0,3651	0,4067
0,95		0,2252	0,3081	0,3325	0,3612	0,3953	0,4366
0,75		0,1406	0,2069	0,2284	0,2549	0,2884	0,3321
0,80		0,1646	0,2379	0,2612	0,2896	0,3248	0,3698
0,85	0,80	0,1885	0,2679	0,2926	0,3222	0,3585	0,4041
0,90		0,2125	0,2969	0,3226	0,3530	0,3899	0,4353
0,95		0,2364	0,3250	0,3513	0,3822	0,4191	0,4639
0,75		0,1515	0,2237	0,2472	0,2763	0,3132	0,3614
0,80		0,1751	0,2541	0,2793	0,3101	0,3484	0,3976
0,85	0,85	0,1988	0,2836	0,3100	0,3419	0,3811	0,4305
0,90		0,2224	0,3120	0,3394	0,3720	0,4115	0,4604
0,95		0,2461	0,3396	0,3675	0,4005	0,4399	0,4879
0,75		0,1609	0,2383	0,2636	0,2950	0,3349	0,3872
0,80		0,1843	0,2683	0,2952	0,3280	0,3692	0,4221
0,85	0,90	0,2077	0,2972	0,3253	0,3592	0,4010	0,4538
0,90		0,2311	0,3253	0,3541	0,3886	0,4306	0,4827
0,95		0,2544	0,3524	0,3817	0,4165	0,4582	0,5091
0,75		0,1692	0,2512	0,2781	0,3116	0,3542	0,4102
0,80		0,1923	0,2807	0,3091	0,3439	0,3876	0,4439
0,85	0,95	0,2155	0,3093	0,3388	0,3745	0,4186	0,4745
0,90		0,2386	0,3369	0,3671	0,4033	0,4475	0,5025
0,95		0,2618	0,3636	0,3943	0,4307	0,4744	0,5280

		$\pi = 6$		$\tau_G = 4$		$\beta = 0{,}95$	
η_T	η_V	$\varrho = 0$	0,5	0,6	0,7	0,8	0,9
0,75		0,1402	0,1869	0,2003	0,2157	0,2336	0,2549
0,80		0,1735	0,2263	0,2410	0,2577	0,2769	0,2992
0,85	0,75	0,2069	0,2641	0,2795	0,2969	0,3166	0,3391
0,90		0,2402	0,3002	0,3160	0,3336	0,3532	0,3753
0,95		0,2735	0,3349	0,3507	0,3680	0,3871	0,4082
0,75		0,1590	0,2136	0,2294	0,2477	0,2691	0,2945
0,80		0,1916	0,2519	0,2688	0,2882	0,3105	0,3366
0,85	0,80	0,2242	0,2886	0,3061	0,3260	0,3486	0,3746
0,90		0,2568	0,3237	0,3415	0,3614	0,3837	0,4090
0,95		0,2894	0,3575	0,3751	0,3946	0,4162	0,4403
0,75		0,1750	0,2366	0,2545	0,2753	0,2999	0,3293
0,80		0,2069	0,2738	0,2928	0,3145	0,3398	0,3694
0,85	0,85	0,2389	0,3096	0,3291	0,3512	0,3764	0,4056
0,90		0,2708	0,3439	0,3635	0,3855	0,4103	0,4385
0,95		0,3028	0,3768	0,3962	0,4176	0,4416	0,4684
0,75		0,1886	0,2564	0,2763	0,2995	0,3269	0,3599
0,80		0,2201	0,2929	0,3136	0,3376	0,3655	0,3984
0,85	0,90	0,2515	0,3278	0,3490	0,3732	0,4009	0,4331
0,90		0,2829	0,3614	0,3826	0,4065	0,4336	0,4646
0,95		0,3143	0,3936	0,4146	0,4378	0,4639	0,4932
0,75		0,2005	0,2738	0,2955	0,3208	0,3509	0,3872
0,80		0,2314	0,3096	0,3320	0,3579	0,3882	0,4241
0,85	0,95	0,2624	0,3438	0,3666	0,3926	0,4226	0,4575
0,90		0,2933	0,3768	0,3995	0,4251	0,4543	0,4878
0,95		0,3243	0,4084	0,4307	0,4557	0,4837	0,5154

		$\pi = 8$		$\tau_G = 4$		$\beta = 0{,}95$	
η_T	η_V	$\varrho = 0$	0,5	0,6	0,7	0,8	0,9
0,75		0,1373	0,1703	0,1789	0,1885	0,1991	0,2110
0,80		0,1781	0,2155	0,2249	0,2353	0,2466	0,2590
0,85	0,75	0,2188	0,2585	0,2682	0,2786	0,2900	0,3022
0,90		0,2596	0,2994	0,3089	0,3190	0,3298	0,3413
0,95		0,3004	0,3385	0,3473	0,3566	0,3664	0,3767
0,75		0,1620	0,2033	0,2142	0,2264	0,2400	0,2554
0,80		0,2016	0,2469	0,2585	0,2712	0,2853	0,3009
0,85	0,80	0,2412	0,2884	0,3001	0,3128	0,3267	0,3418
0,90		0,2808	0,3279	0,3393	0,3515	0,3646	0,3788
0,95		0,3204	0,3657	0,3763	0,3876	0,3996	0,4123
0,75		0,1827	0,2314	0,2445	0,2591	0,2755	0,2942
0,80		0,2213	0,2736	0,2872	0,3022	0,3189	0,3375
0,85	0,85	0,2599	0,3139	0,3275	0,3423	0,3585	0,3764
0,90		0,2985	0,3523	0,3654	0,3796	0,3950	0,4116
0,95		0,3371	0,3890	0,4013	0,4145	0,4285	0,4436
0,75		0,2002	0,2557	0,2707	0,2875	0,3066	0,3285
0,80		0,2380	0,2967	0,3122	0,3293	0,3483	0,3698
0,85	0,90	0,2757	0,3359	0,3512	0,3680	0,3865	0,4070
0,90		0,3135	0,3733	0,3881	0,4042	0,4216	0,4406
0,95		0,3512	0,4091	0,4230	0,4379	0,4539	0,4711
0,75		0,2153	0,2768	0,2936	0,3126	0,3341	0,3589
0,80		0,2523	0,3169	0,3340	0,3530	0,3744	0,3985
0,85	0,95	0,2893	0,3551	0,3721	0,3907	0,4113	0,4341
0,90		0,3263	0,3917	0,4080	0,4258	0,4451	0,4664
0,95		0,3634	0,4266	0,4420	0,4586	0,4764	0,4957

		$\pi = 10$		$\tau_G = 4$		$\beta = 0{,}95$	
η_T	η_V	$\varrho = 0$	0,5	0,6	0,7	0,8	0,9
0,75		0,1262	0,1474	0,1525	0,1580	0,1639	0,1702
0,80		0,1738	0,1974	0,2029	0,2088	0,2149	0,2215
0,85	0,75	0,2213	0,2448	0,2501	0,2556	0,2614	0,2675
0,90		0,2688	0,2898	0,2943	0,2991	0,3039	0,3090
0,95		0,3164	0,3325	0,3359	0,3394	0,3429	0,3466
0,75		0,1570	0,1861	0,1933	0,2010	0,2094	0,2185
0,80		0,2029	0,2341	0,2415	0,2495	0,2579	0,2670
0,85	0,80	0,2487	0,2796	0,2867	0,2942	0,3021	0,3104
0,90		0,2945	0,3228	0,3291	0,3357	0,3425	0,3496
0,95		0,3403	0,3639	0,3690	0,3742	0,3796	0,3852
0,75		0,1824	0,2190	0,2281	0,2381	0,2489	0,2608
0,80		0,2269	0,2652	0,2745	0,2845	0,2952	0,3068
0,85	0,85	0,2713	0,3091	0,3180	0,3274	0,3374	0,3480
0,90		0,3157	0,3509	0,3589	0,3672	0,3760	0,3852
0,95		0,3601	0,3906	0,3973	0,4043	0,4115	0,4190
0,75		0,2038	0,2472	0,2582	0,2703	0,2835	0,2980
0,80		0,2470	0,2920	0,3030	0,3150	0,3278	0,3418
0,85	0,90	0,2902	0,3346	0,3451	0,3563	0,3683	0,3811
0,90		0,3335	0,3750	0,3846	0,3947	0,4054	0,4166
0,95		0,3767	0,4136	0,4219	0,4305	0,4395	0,4488
0,75		0,2219	0,2717	0,2844	0,2985	0,3140	0,3311
0,80		0,2641	0,3152	0,3279	0,3417	0,3567	0,3730
0,85	0,95	0,3063	0,3566	0,3688	0,3817	0,3956	0,4106
0,90		0,3486	0,3961	0,4072	0,4189	0,4313	0,4445
0,95		0,3908	0,4336	0,4434	0,4535	0,4642	0,4754

		$\pi = 12$		$\tau_G = 4$		$\beta = 0{,}95$	
η_T	η_V	$\varrho = 0$	0,5	0,6	0,7	0,8	0,9
0,75		0,1099	0,1216	0,1242	0,1269	0,1298	0,1328
0,80		0,1638	0,1759	0,1786	0,1813	0,1841	0,1870
0,85	0,75	0,2177	0,2272	0,2292	0,2313	0,2333	0,2355
0,90		0,2716	0,2757	0,2765	0,2774	0,2782	0,2791
0,95		0,3254	0,3216	0,3209	0,3201	0,3194	0,3186
0,75		0,1470	0,1658	0,1701	0,1747	0,1795	0,1846
0,80		0,1986	0,2176	0,2218	0,2263	0,2308	0,2356
0,85	0,80	0,2502	0,2666	0,2701	0,2738	0,2775	0,2813
0,90		0,3018	0,3130	0,3153	0,3177	0,3201	0,3225
0,95		0,3534	0,3569	0,3576	0,3583	0,3591	0,3598
0,75		0,1773	0,2030	0,2091	0,2156	0,2225	0,2298
0,80		0,2270	0,2528	0,2587	0,2649	0,2713	0,2781
0,85	0,85	0,2767	0,2999	0,3050	0,3103	0,3158	0,3214
0,90		0,3265	0,3445	0,3484	0,3523	0,3563	0,3605
0,95		0,3762	0,3868	0,3890	0,3913	0,3935	0,3958
0,75		0,2024	0,2349	0,2427	0,2511	0,2600	0,2696
0,80		0,2505	0,2829	0,2905	0,2984	0,3067	0,3156
0,85	0,90	0,2987	0,3284	0,3351	0,3420	0,3493	0,3568
0,90		0,3469	0,3716	0,3769	0,3824	0,3881	0,3940
0,95		0,3951	0,4125	0,4162	0,4199	0,4237	0,4276
0,75		0,2235	0,2625	0,2720	0,2821	0,2931	0,3050
0,80		0,2704	0,3090	0,3181	0,3277	0,3380	0,3489
0,85	0,95	0,3173	0,3531	0,3613	0,3699	0,3788	0,3882
0,90		0,3642	0,3950	0,4018	0,4089	0,4162	0,4237
0,95		0,4110	0,4348	0,4399	0,4451	0,4504	0,4559

		$\pi = 14$		$\tau_G = 4$		$\beta = 0{,}95$	
η_T	η_V	$\varrho = 0$	0,5	0,6	0,7	0,8	0,9
0,75		0,0898	0,0944	0,0954	0,0964	0,0975	0,0985
0,80		0,1498	0,1528	0,1534	0,1540	0,1546	0,1552
0,85	0,75	0,2099	0,2077	0,2072	0,2068	0,2064	0,2059
0,90		0,2700	0,2594	0,2574	0,2554	0,2535	0,2515
0,95		0,3301	0,3083	0,3042	0,3003	0,2965	0,2928
0,75		0,1336	0,1439	0,1461	0,1484	0,1508	0,1533
0,80		0,1907	0,1993	0,2011	0,2029	0,2048	0,2067
0,85	0,80	0,2479	0,2515	0,2522	0,2529	0,2537	0,2544
0,90		0,3050	0,3007	0,2999	0,2990	0,2982	0,2974
0,95		0,3622	0,3473	0,3444	0,3417	0,3389	0,3362
0,75		0,1689	0,1854	0,1891	0,1929	0,1969	0,2011
0,80		0,2236	0,2384	0,2415	0,2448	0,2482	0,2516
0,85	0,85	0,2784	0,2883	0,2904	0,2925	0,2946	0,2968
0,90		0,3332	0,3355	0,3360	0,3365	0,3370	0,3374
0,95		0,3880	0,3802	0,3787	0,3772	0,3757	0,3742
0,75		0,1978	0,2207	0,2260	0,2315	0,2372	0,2433
0,80		0,2507	0,2717	0,2763	0,2811	0,2861	0,2912
0,85	0,90	0,3035	0,3198	0,3233	0,3268	0,3304	0,3341
0,90		0,3563	0,3653	0,3671	0,3690	0,3709	0,3728
0,95		0,4092	0,4084	0,4082	0,4081	0,4079	0,4078
0,75		0,2221	0,2512	0,2580	0,2651	0,2727	0,2807
0,80		0,2733	0,3004	0,3065	0,3129	0,3195	0,3264
0,85	0,95	0,3245	0,3470	0,3518	0,3568	0,3620	0,3673
0,90		0,3757	0,3910	0,3942	0,3975	0,4008	0,4042
0,95		0,4269	0,4328	0,4340	0,4352	0,4364	0,4376

		$\pi = 16$		$\tau_G = 4$		$\beta = 0{,}95$	
η_T	η_V	$\varrho = 0$	0,5	0,6	0,7	0,8	0,9
0,75		0,0663	0,0665	0,0666	0,0666	0,0667	0,0667
0,80		0,1325	0,1287	0,1279	0,1272	0,1265	0,1257
0,85	0,75	0,1987	0,1869	0,1848	0,1826	0,1805	0,1785
0,90		0,2649	0,2417	0,2376	0,2335	0,2297	0,2259
0,95		0,3311	0,2933	0,2867	0,2805	0,2745	0,2687
0,75		0,1173	0,1210	0,1218	0,1226	0,1234	0,1242
0,80		0,1798	0,1798	0,1798	0,1798	0,1797	0,1797
0,85	0,80	0,2424	0,2350	0,2335	0,2321	0,2307	0,2293
0,90		0,3049	0,2869	0,2835	0,2803	0,2771	0,2739
0,95		0,3675	0,3358	0,3302	0,3247	0,3194	0,3142
0,75		0,1578	0,1667	0,1685	0,1705	0,1724	0,1744
0,80		0,2175	0,2226	0,2237	0,2247	0,2258	0,2269
0,85	0,85	0,2771	0,2752	0,2749	0,2745	0,2741	0,2738
0,90		0,3367	0,3248	0,3225	0,3203	0,3181	0,3159
0,95		0,3963	0,3717	0,3671	0,3626	0,3583	0,3540
0,75		0,1908	0,2054	0,2085	0,2118	0,2152	0,2187
0,80		0,2481	0,2590	0,2613	0,2636	0,2660	0,2684
0,85	0,90	0,3053	0,3095	0,3103	0,3112	0,3120	0,3129
0,90		0,3626	0,3571	0,3561	0,3550	0,3540	0,3529
0,95		0,4198	0,4022	0,3988	0,3955	0,3923	0,3891
0,75		0,2182	0,2386	0,2431	0,2479	0,2528	0,2579
0,80		0,2735	0,2903	0,2939	0,2976	0,3014	0,3052
0,85	0,95	0,3287	0,3390	0,3411	0,3433	0,3454	0,3476
0,90		0,3840	0,3850	0,3852	0,3854	0,3856	0,3858
0,95		0,4393	0,4285	0,4265	0,4244	0,4223	0,4203

		$\pi = 2$		$\tau_G = 5$		$\beta = 0{,}95$	
η_T	η_V	$\varrho = 0$	0,5	0,6	0,7	0,8	0,9
0,75		0,0823	0,1434	0,1684	0,2040	0,2587	0,3536
0,80		0,0921	0,1591	0,1862	0,2245	0,2826	0,3813
0,85	0,75	0,1019	0,1746	0,2037	0,2444	0,3054	0,4071
0,90		0,1117	0,1898	0,2207	0,2636	0,3272	0,4311
0,95		0,1215	0,2048	0,2374	0,2822	0,3479	0,4535
0,75		0,0860	0,1499	0,1761	0,2134	0,2708	0,3704
0,80		0,0958	0,1655	0,1938	0,2337	0,2944	0,3975
0,85	0,80	0,1055	0,1809	0,2111	0,2534	0,3168	0,4226
0,90		0,1153	0,1960	0,2280	0,2724	0,3382	0,4461
0,95		0,1251	0,2109	0,2445	0,2908	0,3587	0,4680
0,75		0,0892	0,1556	0,1829	0,2217	0,2814	0,3852
0,80		0,0990	0,1712	0,2005	0,2418	0,3047	0,4117
0,85	0,85	0,1087	0,1865	0,2176	0,2613	0,3268	0,4363
0,90		0,1184	0,2015	0,2344	0,2801	0,3480	0,4593
0,95		0,1282	0,2163	0,2508	0,2983	0,3682	0,4807
0,75		0,0921	0,1607	0,1889	0,2290	0,2908	0,3983
0,80		0,1018	0,1762	0,2063	0,2489	0,3138	0,4243
0,85	0,90	0,1115	0,1914	0,2234	0,2682	0,3357	0,4484
0,90		0,1212	0,2063	0,2400	0,2869	0,3566	0,4709
0,95		0,1309	0,2210	0,2563	0,3050	0,3766	0,4920
0,75		0,0946	0,1652	0,1942	0,2355	0,2992	0,4100
0,80		0,1043	0,1806	0,2115	0,2553	0,3219	0,4355
0,85	0,95	0,1140	0,1957	0,2285	0,2745	0,3436	0,4592
0,90		0,1236	0,2106	0,2450	0,2930	0,3643	0,4814
0,95		0,1333	0,2252	0,2612	0,3109	0,3840	0,5020

		$\pi = 4$		$\tau_G = 5$		$\beta = 0{,}95$	
η_T	η_V	$\varrho = 0$	0,5	0,6	0,7	0,8	0,9
0,75		0,1518	0,2317	0,2591	0,2937	0,3389	0,4007
0,80		0,1724	0,2592	0,2882	0,3245	0,3713	0,4339
0,85	0,75	0,1931	0,2858	0,3162	0,3538	0,4015	0,4642
0,90		0,2137	0,3116	0,3430	0,3815	0,4297	0,4918
0,95		0,2344	0,3366	0,3688	0,4078	0,4561	0,5172
0,75		0,1600	0,2449	0,2740	0,3109	0,3593	0,4256
0,80		0,1804	0,2720	0,3026	0,3412	0,3909	0,4576
0,85	0,80	0,2009	0,2982	0,3301	0,3698	0,4203	0,4867
0,90		0,2213	0,3236	0,3565	0,3970	0,4477	0,5134
0,95		0,2418	0,3483	0,3819	0,4228	0,4734	0,5378
0,75		0,1671	0,2564	0,2870	0,3260	0,3772	0,4475
0,80		0,1874	0,2831	0,3152	0,3557	0,4080	0,4784
0,85	0,85	0,2077	0,3089	0,3423	0,3838	0,4367	0,5065
0,90		0,2279	0,3340	0,3683	0,4105	0,4635	0,5323
0,95		0,2482	0,3584	0,3933	0,4358	0,4886	0,5559
0,75		0,1734	0,2664	0,2985	0,3393	0,3930	0,4669
0,80		0,1935	0,2928	0,3263	0,3684	0,4231	0,4968
0,85	0,90	0,2136	0,3184	0,3530	0,3961	0,4512	0,5241
0,90		0,2337	0,3432	0,3787	0,4224	0,4774	0,5490
0,95		0,2538	0,3673	0,4034	0,4473	0,5020	0,5719
0,75		0,1789	0,2753	0,3086	0,3510	0,4070	0,4841
0,80		0,1989	0,3014	0,3361	0,3798	0,4365	0,5132
0,85	0,95	0,2188	0,3267	0,3625	0,4070	0,4641	0,5397
0,90		0,2388	0,3513	0,3879	0,4329	0,4898	0,5639
0,95		0,2587	0,3752	0,4123	0,4575	0,5139	0,5862

		$\pi = 6$		$\tau_G = 5$		$\beta = 0{,}95$	
η_T	η_V	$\varrho = 0$	0,5	0,6	0,7	0,8	0,9
0,75		0,1797	0,2546	0,2777	0,3055	0,3394	0,3818
0,80		0,2072	0,2879	0,3122	0,3410	0,3757	0,4182
0,85	0,75	0,2346	0,3199	0,3450	0,3744	0,4092	0,4511
0,90		0,2621	0,3508	0,3763	0,4057	0,4402	0,4811
0,95		0,2895	0,3805	0,4061	0,4353	0,4690	0,5084
0,75		0,1914	0,2722	0,2974	0,3276	0,3648	0,4114
0,80		0,2184	0,3049	0,3311	0,3622	0,3998	0,4462
0,85	0,80	0,2454	0,3363	0,3631	0,3947	0,4322	0,4777
0,90		0,2725	0,3665	0,3937	0,4252	0,4622	0,5063
0,95		0,2995	0,3957	0,4229	0,4540	0,4901	0,5325
0,75		0,2013	0,2875	0,3144	0,3469	0,3869	0,4373
0,80		0,2281	0,3196	0,3475	0,3807	0,4209	0,4707
0,85	0,85	0,2548	0,3504	0,3789	0,4124	0,4524	0,5009
0,90		0,2815	0,3802	0,4089	0,4422	0,4815	0,5285
0,95		0,3082	0,4089	0,4375	0,4704	0,5086	0,5536
0,75		0,2100	0,3009	0,3294	0,3639	0,4064	0,4601
0,80		0,2364	0,3324	0,3618	0,3969	0,4395	0,4924
0,85	0,90	0,2628	0,3628	0,3927	0,4279	0,4701	0,5215
0,90		0,2892	0,3921	0,4221	0,4572	0,4985	0,5481
0,95		0,3156	0,4204	0,4503	0,4847	0,5249	0,5723
0,75		0,2176	0,3127	0,3426	0,2788	0,4237	0,4805
0,80		0,2438	0,3438	0,3745	0,4112	0,4560	0,5117
0,85	0,95	0,2699	0,3737	0,4049	0,4417	0,4859	0,5399
0,90		0,2960	0,4026	0,4339	0,4704	0,5136	0,5656
0,95		0,3222	0,4305	0,4616	0,4975	0,5394	0,5890

		$\pi = 8$		$\tau_G = 5$		$\beta = 0{,}95$	
η_T	η_V	$\varrho = 0$	0,5	0,6	0,7	0,8	0,9
0,75		0,1929	0,2589	0,2779	0,3000	0,3258	0,3565
0,80		0,2256	0,2963	0,3161	0,3387	0,3649	0,3954
0,85	0,75	0,2583	0,3321	0,3522	0,3749	0,4008	0,4304
0,90		0,2910	0,3664	0,3864	0,4088	0,4339	0,4622
0,95		0,3237	0,3994	0,4189	0,4405	0,4645	0,4912
0,75		0,2076	0,2803	0,3014	0,3259	0,3549	0,3894
0,80		0,2396	0,3167	0,3385	0,3635	0,3925	0,4265
0,85	0,80	0,2717	0,3517	0,3737	0,3986	0,4271	0,4599
0,90		0,3038	0,3852	0,4070	0,4314	0,4590	0,4903
0,95		0,3359	0,4174	0,4387	0,4622	0,4885	0,5179
0,75		0,2200	0,2987	0,3217	0,3485	0,3802	0,4183
0,80		0,2516	0,3343	0,3579	0,3850	0,4166	0,4538
0,85	0,85	0,2831	0,3685	0,3922	0,4191	0,4500	0,4858
0,90		0,3147	0,4014	0,4248	0,4511	0,4809	0,5149
0,95		0,3462	0,4329	0,4557	0,4811	0,5094	0,5414
0,75		0,2307	0,3147	0,3394	0,3683	0,4025	0,4438
0,80		0,2618	0,3497	0,3748	0,4039	0,4378	0,4779
0,85	0,90	0,2929	0,3833	0,4084	0,4372	0,4702	0,5087
0,90		0,3241	0,4155	0,4403	0,4684	0,5002	0,5366
0,95		0,3552	0,4465	0,4707	0,4976	0,5279	0,5621
0,75		0,2401	0,3287	0,3550	0,3857	0,4223	0,4666
0,80		0,2708	0,3632	0,3897	0,4205	0,4566	0,4994
0,85	0,95	0,3015	0,3962	0,4227	0,4531	0,4881	0,5291
0,90		0,3322	0,4279	0,4541	0,4836	0,5173	0,5560
0,95		0,3629	0,4584	0,4838	0,5123	0,5443	0,5806

		$\pi = 10$		$\tau_G = 5$		$\beta = 0{,}95$	
η_T	η_V	$\varrho = 0$	0,5	0,6	0,7	0,8	0,9
0,75		0,1990	0,2557	0,2711	0,2885	0,3084	0,3311
0,80		0,2361	0,2963	0,3122	0,3299	0,3498	0,3722
0,85	0,75	0,2732	0,3350	0,3509	0,3684	0,3877	0,4091
0,90		0,3103	0,3721	0,3875	0,4043	0,4226	0,4426
0,95		0,3474	0,4075	0,4221	0,4378	0,4547	0,4730
0,75		0,2164	0,2802	0,2978	0,3178	0,3406	0,3669
0,80		0,2526	0,3197	0,3376	0,3577	0,3803	0,4060
0,85	0,80	0,2889	0,3574	0,3752	0,3949	0,4167	0,4411
0,90		0,3252	0,3935	0,4107	0,4295	0,4502	0,4729
0,95		0,3614	0,4280	0,4443	0,4620	0,4811	0,5018
0,75		0,2311	0,3013	0,3209	0,3431	0,3686	0,3983
0,80		0,2666	0,3399	0,3596	0,3818	0,4069	0,4355
0,85	0,85	0,3022	0,3766	0,3962	0,4178	0,4420	0,4691
0,90		0,3378	0,4119	0,4307	0,4515	0,4743	0,4995
0,95		0,3733	0,4456	0,4635	0,4829	0,5041	0,5272
0,75		0,2437	0,3197	0,3409	0,3652	0,3933	0,4260
0,80		0,2786	0,3573	0,3787	0,4029	0,4303	0,4617
0,85	0,90	0,3136	0,3934	0,4144	0,4379	0,4642	0,4939
0,90		0,3485	0,4278	0,4482	0,4707	0,4955	0,5230
0,95		0,3855	0,4609	0,4802	0,5013	0,5243	0,5495
0,75		0,2546	0,3357	0,3586	0,3848	0,4151	0,4506
0,80		0,2890	0,3727	0,3956	0,4215	0,4510	0,4850
0,85	0,95	0,3235	0,4080	0,4305	0,4557	0,4839	0,5159
0,90		0,3579	0,4419	0,4636	0,4876	0,5143	0,5440
0,95		0,3923	0,4743	0,4950	0,5175	0,5423	0,5695

		$\pi = 12$		$\tau_G = 5$		$\beta = 0{,}95$	
η_T	η_V	$\varrho = 0$	0,5	0,6	0,7	0,8	0,9
0,75		0,2005	0,2483	0,2607	0,2745	0,2898	0,3068
0,80		0,2415	0,2917	0,3043	0,3181	0,3332	0,3498
0,85	0,75	0,2825	0,3330	0,3453	0,3586	0,3729	0,3884
0,90		0,3235	0,3723	0,3839	0,3962	0,4093	0,4233
0,95		0,3645	0,4098	0,4202	0,4312	0,4428	0,4550
0,75		0,2206	0,2759	0,2904	0,3066	0,3247	0,3451
0,80		0,2605	0,3179	0,3325	0,3486	0,3663	0,3858
0,85	0,80	0,3004	0,3579	0,3721	0,3875	0,4043	0,4225
0,90		0,3404	0,3960	0,4094	0,4238	0,4391	0,4556
0,95		0,3803	0,4325	0,4446	0,4575	0,4712	0,4857
0,75		0,2374	0,2994	0,3159	0,3344	0,3551	0,3785
0,80		0,2764	0,3403	0,3568	0,3749	0,3950	0,4174
0,85	0,85	0,3155	0,3792	0,3952	0,4126	0,4316	0,4524
0,90		0,3545	0,4164	0,4315	0,4477	0,4651	0,4840
0,95		0,3936	0,4519	0,4657	0,4804	0,4960	0,5127
0,75		0,2517	0,3198	0,3381	0,3586	0,3818	0,4081
0,80		0,2900	0,3597	0,3779	0,3980	0,4203	0,4453
0,85	0,90	0,3283	0,3978	0,4153	0,4345	0,4556	0,4788
0,90		0,3666	0,4341	0,4507	0,4686	0,4879	0,5090
0,95		0,4049	0,4688	0,4841	0,5004	0,5179	0,5365
0,75		0,2641	0,3377	0,3576	0,3800	0,4054	0,4344
0,80		0,3018	0,3767	0,3964	0,4183	0,4427	0,4701
0,85	0,95	0,3394	0,4140	0,4330	0,4538	0,4768	0,5022
0,90		0,3770	0,4495	0,4675	0,4870	0,5082	0,5313
0,95		0,4147	0,4836	0,5002	0,5180	0,5371	0,5577

		$\pi = 14$		$\tau_G = 5$		$\beta = 0{,}95$	
η_T	η_V	$\varrho = 0$	0,5	0,6	0,7	0,8	0,9
0,75		0,1995	0,2391	0,2490	0,2597	0,2714	0,2843
0,80		0,2440	0,2849	0,2948	0,3054	0,3167	0,3290
0,85	0,75	0,2886	0,3284	0,3377	0,3476	0,3580	0,3691
0,90		0,3332	0,3697	0,3780	0,3867	0,3958	0,4053
0,95		0,3777	0,4091	0,4160	0,4231	0,4305	0,4382
0,75		0,2221	0,2694	0,2814	0,2944	0,3088	0,3247
0,80		0,2654	0,3136	0,3255	0,3382	0,3520	0,3670
0,85	0,80	0,3086	0,3557	0,3668	0,3788	0,3915	0,4050
0,90		0,3519	0,3957	0,4057	0,4164	0,4276	0,4394
0,95		0,3952	0,4338	0,4424	0,4514	0,4608	0,4705
0,75		0,2410	0,2952	0,3091	0,3244	0,3413	0,3600
0,80		0,2832	0,3382	0,3518	0,3666	0,3827	0,4003
0,85	0,85	0,3254	0,3790	0,3919	0,4057	0,4206	0,4365
0,90		0,3675	0,4178	0,4296	0,4420	0,4552	0,4692
0,95		0,4097	0,4549	0,4651	0,4759	0,4871	0,4989
0,75		0,2570	0,3175	0,3332	0,3505	0,3698	0,3912
0,80		0,2983	0,3593	0,3747	0,3914	0,4097	0,4297
0,85	0,90	0,3395	0,3991	0,4137	0,4293	0,4461	0,4643
0,90		0,3808	0,4370	0,4503	0,4645	0,4795	0,4956
0,95		0,4221	0,4732	0,4849	0,4973	0,5103	0,5240
0,75		0,2708	0,3370	0,3543	0,3735	0,3949	0,4190
0,80		0,3112	0,3778	0,3947	0,4132	0,4335	0,4559
0,85	0,95	0,3517	0,4167	0,4327	0,4500	0,4687	0,4891
0,90		0,3922	0,4538	0,4685	0,4842	0,5010	0,5191
0,95		0,4327	0,4892	0,5023	0,5162	0,5308	0,5463

		$\pi = 16$		$\tau_G = 5$		$\beta = 0,95$	
η_T	η_V	$\varrho = 0$	0,5	0,6	0,7	0,8	0,9
0,75		0,1962	0,2284	0,2362	0,2445	0,2534	0,2629
0,80		0,2441	0,2764	0,2840	0,2919	0,3003	0,3092
0,85	0,75	0,2920	0,3219	0,3287	0,3357	0,3431	0,3507
0,90		0,3398	0,3651	0,3706	0,3763	0,3821	0,3881
0,95		0,3877	0,4061	0,4099	0,4139	0,4179	0,4221
0,75		0,2214	0,2613	0,2711	0,2816	0,2929	0,3053
0,80		0,2677	0,3076	0,3170	0,3270	0,3377	0,3491
0,85	0,80	0,3141	0,3514	0,3600	0,3690	0,3784	0,3884
0,90		0,3604	0,3931	0,4003	0,4078	0,4157	0,4238
0,95		0,4067	0,4326	0,4382	0,4440	0,4499	0,4559
0,75		0,2424	0,2893	0,3009	0,3136	0,3273	0,3423
0,80		0,2874	0,3341	0,3453	0,3573	0,3701	0,3839
0,85	0,85	0,3324	0,3766	0,3868	0,3977	0,4091	0,4213
0,90		0,3775	0,4169	0,4258	0,4351	0,4448	0,4550
0,95		0,4225	0,4554	0,4626	0,4700	0,4776	0,4856
0,75		0,2600	0,3134	0,3268	0,3414	0,3574	0,3750
0,80		0,3040	0,3569	0,3698	0,3837	0,3986	0,4147
0,85	0,90	0,3479	0,3983	0,4101	0,4227	0,4361	0,4504
0,90		0,3919	0,4376	0,4480	0,4590	0,4705	0,4826
0,95		0,4358	0,4750	0,4837	0,4927	0,5021	0,5118
0,75		0,2751	0,3344	0,3495	0,3659	0,3840	0,4041
0,80		0,3181	0,3768	0,3913	0,4069	0,4238	0,4421
0,85	0,95	0,3612	0,4172	0,4305	0,4448	0,4600	0,4763
0,90		0,4042	0,4555	0,4674	0,4799	0,4932	0,5071
0,95		0,4472	0,4921	0,5022	0,5127	0,5237	0,5351

Bei Fragen zur Produktsicherheit wenden Sie sich bitte an:
If you have any questions regarding product safety,
please contact:

Walter de Gruyter GmbH
Genthiner Straße 13
10785 Berlin
productsafety@degruyterbrill.com